新世界少年文库

未来少年

FOR FUTURE YOUTHS

飞行
千年梦寻

小多（北京）文化传媒有限公司 编著

新世界出版社
NEW WORLD PRESS

图书在版编目（CIP）数据

飞行千年梦寻 / 小多（北京）文化传媒有限公司编
著 . -- 北京：新世界出版社，2022.2
（新世界少年文库 . 未来少年）
ISBN 978-7-5104-7376-0

Ⅰ . ①飞… Ⅱ . ①小… Ⅲ . ①飞行器 – 少年读物
Ⅳ . ① V47-49

中国版本图书馆 CIP 数据核字 (2021) 第 236402 号

新世界少年文库 · 未来少年

飞行千年梦寻 FEIXING QIANNIAN MENGXUN

小多（北京）文化传媒有限公司　编著

责任编辑：王峻峰
特约编辑：阮　健　刘　路
封面设计：贺玉婷　申永冬
版式设计：申永冬
责任印制：王宝根
出　　版：新世界出版社
网　　址：http://www.nwp.com.cn
社　　址：北京西城区百万庄大街 24 号（100037）
发 行 部：（010）6899 5968（电话）　　（010）6899 0635（电话）
总 编 室：（010）6899 5424（电话）　　（010）6832 6679（传真）
版 权 部：+8610 6899 6306（电话）　　nwpcd@sina.com（电邮）
印　　刷：小森印刷（北京）有限公司
经　　销：新华书店
开　　本：710mm×1000mm　1/16　尺寸：170mm×240mm
字　　数：113 千字　　　　　印张：6.25
版　　次：2022 年 2 月第 1 版　2022 年 2 月第 1 次印刷
书　　号：ISBN 978-7-5104-7376-0
定　　价：36.00 元

编委会

莫幼群	"新世界少年文库"总策划
曲衍立	"新世界少年文库·未来少年"丛书策划
祝伟中	小多总编辑,物理学学士,传播学硕士
阮　健	小多执行主编,英国纽卡斯尔大学教育学硕士,科技媒体人,资深童书策划编辑
张楠楠	"少年时"专题编辑,清华大学化学生物学硕士
吕亚洲	"少年时"专题编辑,高分子材料科学学士
周　帅	"少年时"专题编辑,生物医学工程博士,瑞士苏黎世大学空间生物技术研究室学者
刘　路	"少年时"图书项目编辑,计算机及应用学学士
秦　捷	小多全球组稿编辑,比利时天主教鲁汶大学 MBA,跨文化学者
凯西安·科娃斯基 [美]	资深作者和记者,哈佛大学法学博士
让－皮埃尔·佩蒂特 [法]	物理学博士,法国国家科学研究中心高级研究员
基尔·达高斯迪尼 [法]	物理学博士,欧洲核子研究组织粒子物理和高能物理前研究员
韩晶晶	北京大学天体物理学硕士
海上云	工学博士,计算机网络研究者,美国 10 多项专利发明者,资深科普作者

阅读优秀的科普著作
是愉快且有益的

目前，面向青少年读者的科普图书已经出版得很多了，走进书店，形形色色、印制精良的各类科普图书在形式上带给人们眼花缭乱的感觉。然而，其中有许多在传播的有效性，或者说在被读者接受的程度上并不尽如人意。造成此状况的原因有许多，如选题雷同、缺少新意、宣传推广不力，而最主要的原因在于图书内容：或是过于学术化，或是远离人们的日常生活，或是过于低估了青少年读者的接受能力而显得"幼稚"，或是仅以拼凑的方式"炒冷饭"而缺少原创性，如此等等。

在这样的局面下，这套"新世界少年文库·未来少年"系列丛书的问世，确实带给人耳目一新的感觉。

首先，从选题上看，这套丛书的内容既涉及一些当下的热点主题，也涉及科学前沿进展，还有与日常生活相关的内容。例如，深得青少年喜爱和追捧的恐龙，与科技发展前沿的研究密切相关的太空移民、智能生活、视觉与虚拟世界、纳米，立足于经典话题又结合前沿发展的飞行、对宇宙的认识，与人们的健康密切相关的食物安全，以及结合了多学科内容的运动（涉及生理学、力学和科技装备）、人类往何处去（涉及基因、衰老和人工智能）等主题。这种有点有面的组合性的选题，使得这套丛书可以满足青少年读者的多种兴趣要求。

其次，这套丛书对各不同主题在内容上的叙述形式十分丰富。不同于那些只专注于经典知识或前沿动向的科普读物，以及过于侧重科学技术与社会的关系的科普读物，这套丛书除了对具体知识进行生动介绍之外，还尽可能地引入了与主题相关的科学史的内容，其中有生动的科学家的故事，以及他们曲折探索的历程和对人们认识相关问题的贡献。当然，对科学发展前沿的介绍，以及对未来发展及可能性的展望，是此套丛书的重点内容。与此同时，书中也有对现实中存在的问题的分析，并纠正了一些广泛流传的错误观点，这些内容将对读者日常的行为产生积极影响，带来某些生活方式的改变。在丛书中的几册里，作者还穿插介绍了一些可以让青少年读者自己去动手做的小实验，这种方式可以令读者改变那种只是从理论到理论、从知识到知识的学习习惯，并加深他们对有关问题的理解，也影响到他们对于作为科学之基础的观察和实验的重要性的感受。尤其是，这套丛书既保持了科学的态度，又体现出了某种人文的立场，在必要的部分，也会谈及对科技在过去、当下和未来的应用中带来的或可能带来的负面作用的忧虑，这种对科学技术"双刃剑"效应的伦理思考的涉及，也正是当下许多科普作品所缺少的。

最后，这套丛书的语言非常生动。语言是与青少年读者的阅读感受关系最为密切的。这套丛书的内容在很大程度上是以青少年所喜闻乐见的风格进行讲述的，并结合大量生动的现实事例进行说明，拉近了作者与读者的距离，很有亲和力和可读性。

总之，我认为这套"新世界少年文库·未来少年"系列丛书是当下科普图书中的精品，相信会有众多青少年读者在愉悦的阅读中有所收获。

刘　兵

2021 年 9 月 10 日于清华大学荷清苑

在未来面前，永远像个少年

当这套"新世界少年文库·未来少年"丛书摆在面前的时候，我又想起许多许多年以前，在一座叫贵池的小城的新华书店里，看到《小灵通漫游未来》这本书时的情景。

那是绚丽的未来假叶永烈老师之手给我写的一封信，也是一个小县城的一年级小学生与未来的第一次碰撞。

彼时的未来早已被后来的一次次未来所覆盖，层层叠加，仿佛一座经历着各个朝代塑形的壮丽古城。如今我们站在这座古老城池的最高台，眺望即将到来的未来，我们的心情还会像年少时那么激动和兴奋吗？内中的百感交集，恐怕三言两语很难说清。但可以确知的是，由于当下科技发展的速度如此飞快，未来将更加难以预测。

科普正好在此时显示出它前所未有的价值。我们可能无法告诉孩子们一个明确的答案，但可以教给他们一种思维的方法；我们可能无法告诉孩子们一个确定的结果，但可以指给他们一些大致的方向……

百年未有之大变局就在眼前，而变幻莫测的科技是大变局中一个重要的推手。人类命运共同体的构建，是一项系统工程，人类知识共同体自然是其中的应有之义。

让人类知识共同体为中国孩子造福，让世界的科普工作者为中国孩子写作，这正是小多传媒的淳朴初心，也是其壮志雄心。从诞生的那一天起，这家独树一帜的科普出版机构就努力去做，而且已经由一本接一本的《少年时》做到了！每本一个主题，紧扣时代、直探前沿；作者来自多国，功底深厚、热爱科普；文章体裁多样，架构合理、干货满满；装帧配图精良，趣味盎然、美感丛生。

这套丛书，便是精选十个前沿科技主题，利用《少年时》所积累的海量素材，结合当前研究和发展状况，用心编撰而成的。既是什锦巧克力，又是鲜榨果汁，可谓丰富又新鲜，质量大有保证。

当初我在和小多传媒的团队讨论选题时，大家都希望能增加科普的宽度和厚度，将系列图书定位为倡导青少年融合性全科素养（含科学思维和人文素养）的大型启蒙丛书，带给读者人类知识领域最活跃的尖端科技发展和新锐人文思想，力求让青少年"阅读一本好书，熟悉一门新知，爱上一种职业，成就一个未来"。

未来的职业竞争几乎可以用"惨烈"来形容，很多工作岗位将被人工智能取代或淘汰。与其满腹焦虑、患得患失，不如保持定力、深植根基。如何才能在竞争中立于不败之地呢？还是必须在全科素养上面下功夫，既习科学之广博，又得人文之深雅——这才是真正的"博雅"、真正的"强基"。

刚刚过去的 2021 年，恰好是杨振宁 99 岁、李政道 95 岁华诞。这两位华裔科学大师同样都是酷爱阅读、文理兼修，科学思维和人文素养比翼齐飞。以李政道先生为例，他自幼酷爱读书，整天手不释卷，连上卫生间都带着书看，有时手纸没带，书却从未忘带。抗日战争时期，他辗转到大西南求学，一路上把衣服丢得精光，但书却一本未丢，反而越来越多。李政道先生晚年在各地演讲时，特别爱引用杜甫《曲江二首》中的名句："细推物理须行乐，何用浮名绊此身。"因为它精准地描绘了科学家精神的唯美意境。

很多人小学之后就已经不再相信世上有神仙妖怪了，更多的人初中之后就对未来不再那么着迷了。如果说前者的变化是对现实了解的不断深入，那么后者的变化则是一种巨大的遗憾。只有那些在未来之谜面前，摆脱了功利心，以纯粹的好奇，尽情享受博雅之趣和细推之乐的人，才能攀登科学的高峰，看到别人难以领略的风景。他们永远能够保持少年心，任何时候都是他们的少年时。

莫幼群

2021 年 12 月 16 日

一架 F-22"猛禽"战斗机正以超音速飞掠"约翰·C.斯坦尼斯"号航空母舰（CVN-74）的飞行甲板。研发它的洛克希德·马丁公司宣称，F-22 的隐身性能、灵敏性、精确度和态势感知能力、空对空和空对地结合作战能力使它成为当今世界综合性能最佳的战斗机

第1章

[由来已久的] 飞天梦

达 · 芬奇的飞行器

66

你是否曾经对鸟儿的飞翔充满好奇？是否曾模仿鸟儿的飞行，张开双臂跑来跑去，希望自己也能飞起来？据说达·芬奇就做过这样的事情。事实上，我们并不确定他是否真的那样跑过，但这样想象一下还是很有趣的。对鸟儿的热爱为他掌握人类飞行艺术的努力带来了很多灵感。达·芬奇认为，了解鸟儿飞翔的原理是人类飞上蓝天的关键。

现在就让我们来看看达·芬奇从鸟儿那里学到了什么吧！

99

飞行似乎很简单嘛！

达·芬奇对鸟儿的研究广泛而执着。在他保存多年的笔记本上，有很多页是他对鸟儿的观察和描摹，细致地展现了鸟儿飞行的每一个方面。他详细绘制了鸟儿身体和翅膀的解剖图，观察鸟儿飞行时翅膀的每一个微小动作，不同的风况中翅膀的反应，以及鸟儿是怎样通过翅膀和尾部的细微移动在风中滑翔，又是怎样从天上降落到地面的。达·芬奇的伟大洞察力还使他了解了鸟儿是如何克服空气阻力而运动的。

达·芬奇还做过很多实验。他制作了模型来检测重心的改变对鸟儿的影响。他还用不同的材料制作鸟和蝙蝠的翅膀，研究哪种材料最适合制作完美的飞行器。

通过广泛研究，达·芬奇认为，

"鸟儿是一种依照某个数学规律而运动的装置，人类能够制造出同样的装置，在空中做出鸟儿所有的动作"。因此，他认为人类如果能理解鸟儿运动的数学规律，就能进行模仿，并飞上天空。

达·芬奇在他的《E手稿》中，还有对鸟类飞行时周围空气的特点进行分析的记录："在鸟的周围，上面的空气要比其他地方的空气稀薄，而下方的空气则稠密。"

这样的表述已与实际相当接近。

啊呀……还有动力的问题！

但是有一个重要的问题达·芬奇还没解决：如何给这个飞行器提供动力呢？不要忘了，当时发动机还没有出现，所有的装置都只能由人力带动。达·芬奇观察到，鸟在飞翔时有很多的储备力量。它们飞翔的时候能够携带猎物，比如鹰就能用双爪携带一只野兔。

在逃避追捕或是捕食猎物时，鸟儿的速度能达到正常速度的2~3倍。达·芬奇认为，人的双腿中储备着同样的力量，足够让人不至于从空中掉下来。

结合自己已有的知识，达·芬奇开始设计飞行器。他相信自己能重现鸟类特有的飞行方式，并且能应用到体积更大的飞行器上。1485年左右，达·芬奇构想出了一个完整的人力飞行器——扑翼机。这个飞行器是木质构架，驾驶员的座位在一个贝壳状的驾驶舱里。蝙蝠状机翼上有皮带轮连接到驾驶舱的两个脚蹬上，驾驶员通过脚蹬就能控制机翼。在最初的设计中，驾驶员需要躺着操作，但随后完成的设计图显示，驾驶员应该是坐着或站着的。所有这些设计的关键，都是如何让人类的腿部肌肉发挥出最大力量。机尾会使飞机在飞行和降落过程中保持稳定。

事实上，达·芬奇从没亲手制造过他的这些设计。那么这些设计能行吗？也许不行！

我们现在所知道的……

要想飞向蓝天，就必须有足够的升力。向上的升力其实来源于向前的推力，这就要求我们的装置能够产生足够的前推力来克服自身重力以及空气阻力（这点是达·芬奇没有考虑到的）。空气流过机翼（或螺旋桨）时就能产生升力。机翼的形状决定了

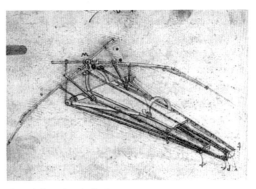

达·芬奇画的飞机草图

达·芬奇在仔细研究鸟儿及其翅膀的基础
上设计出了飞行器

空气会在不同的情况下流经它的上下两个翼面。机翼上翼面的弯鼓形状能使空气在流过时对翼面产生较低的压力；而空气流过下翼面时会对翼面产生较大的压力；在翼面上下的压力差下，机翼就能够带动飞机上升了。引擎能推动飞机前进，使更多的空气能够快速流经机翼上下方，从而产生更大的升力。

虽然达·芬奇意识到动力是飞行成功的关键，但他设计的装置还是太重了，很难通过人力产生足够的推力。如果当初达·芬奇研究的是老鹰的翅膀，或许他能制造出一架滑翔机。即便如此，还是没有足够的推力来带动它，无论它的翅膀形状是什么样的。

实际上，一直到 400 多年后的1903 年，莱特兄弟才成功制造出世界上第一架引擎推动的飞机，实现了人类的飞天梦想。

达·芬奇最终意识到，应用鸟儿飞翔的原理制造出的人造飞行器永远也上不了天。因此他想出了一些别的发明来实现飞行的梦想。

达·芬奇的"直升机"

下图是达·芬奇设计的最有名的飞行器。整个飞行器像一个巨大的飞机螺旋桨，顶部的一个螺旋架构旋转时能带动整个装置腾空而起。但这一想法从来没有实现过——也很难实现，因为他没有解决螺旋推进器产生的扭转应力问题。

滑翔机

达·芬奇注意到，鸟儿翅膀的内段比外段运动得慢。于是他断定外段翅膀是用来让鸟儿停留在空中的，却不能推动鸟儿向前飞行。达·芬奇在他的滑翔机中应用了这个原理，在机翼的末梢部安装了制动装置。这种装置由皮带连接到飞行员的身体和腿部，这样飞行员通过身体或腿部的运动就能控制机翼外段。在今天，如果有这样的滑翔机划过天空，也许会引起不小的轰动呢！

降落伞

达·芬奇说过，拿一块结实的亚麻布做成金字塔的形状，高和宽均为11米，戴上它，"任何人都可以从任何高度跳下，并且绝对没有风险"。

达·芬奇设计的滑翔机（上）和降落伞（下）模型

人类的体力足够飞上天吗？

下面是达·芬奇对这个问题的看法：

让一个人站在海边，观察他的脚印有多深。然后让他在原地背起另一个人，你会看到这时的脚印会比之前深很多。再让他把背上的人放下，离开原来的位置，然后再使劲儿往上跳，你会发现他跳起再落下后的脚印比他背一个人时的脚印又要深得多。这充分说明人体拥有的力量是能支撑自己体重的力量的两倍还要多。

达·芬奇的思维方式是不是很有趣？

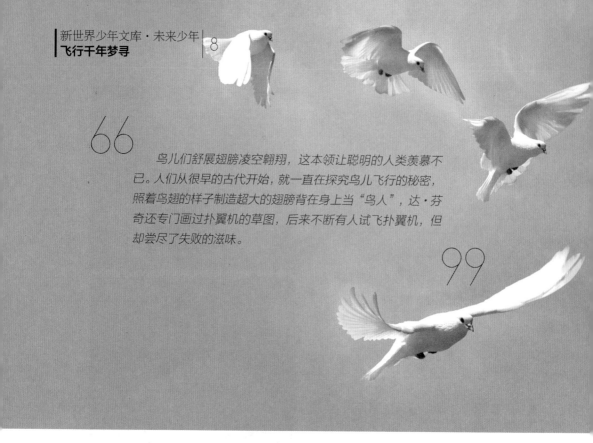

66

鸟儿们舒展翅膀凌空翱翔，这本领让聪明的人类羡慕不已。人们从很早的古代开始，就一直在探究鸟儿飞行的秘密，照着鸟翅的样子制造超大的翅膀背在身上当"鸟人"，达·芬奇还专门画过扑翼机的草图，后来不断有人试飞扑翼机，但却尝尽了失败的滋味。

99

鸟儿飞行的秘密

"飞行员"要有好身体

有了翅膀，人类怎么还是飞不起来呢？是不是还有什么人类没有学到的飞行机密呢？

No.1 没有流线好身形

在自然界里，飞行的鸟儿们天生就拥有纺锤形或者梭形的流线型好身材。跟其他体形比起来，流线型的身体更能减少空气阻力，借助迎面吹来的风获得上升的空气浮力。人类要想飞起来，以现有的大块头和体形，那是不行的。

No.2 没有坚韧的飞行羽毛

翅膀够大、够轻就一定管用吗？失败的经验告诉人们，这也不是万能法宝。鸟儿的翅膀其实是有一定弧度的，气流穿过弯曲的翅膀时会产生一股向上的力量，让鸟儿飞起来。更重要的是，鸟儿的翅膀上分布着一些坚韧的羽毛——飞羽，它们可以帮助鸟儿控制速度。通过把飞羽完全展开或弯曲成一定的角度，鸟儿可以加快或者降低飞行速度。

No.3 骨骼太沉

不管是对人类还是鸟类来说，骨骼都是支撑身体的重要结构。不过骨骼自身是有一定重量的，要飞行得严格控制体重才行，因此鸟儿给自己的骨骼"减重"——它们的骨骼是中空的，骨骼内部有强化的骨柱支撑，里面充满了空气。中空的骨骼大大减轻了鸟儿的体重，比如鸽子的骨骼就只占全身体重的 1/20。而人类的骨骼内部却是蜂窝状的，里面含有骨髓，跟鸟儿比起来，实在是太沉了。

中空的骨骼为鸟儿"减重"，比如鸽子的骨骼就只占全身体重的 1/20

No.4 胸肌不够发达

人类没有鸟儿那样强劲发达的胸肌，支撑不了长时间连续的拍翅动作。飞行的鸟儿基本上都有突出的胸骨，这能增大胸肌的附着面积。有了强大的胸肌，鸟儿可以轻易、持续地扇动翅膀，也更能增加飞行的稳定性。

No.5 缺少气囊

人类只用肺部呼吸，这对飞行来说也是一大弱点。因为长时间、长距离的飞行是一项剧烈运动，会消耗很多氧气，光靠肺部呼吸，氧气供应跟不上。飞行的鸟儿使用双重呼吸，除了肺部，它们身体里还有气囊在为呼吸工作。

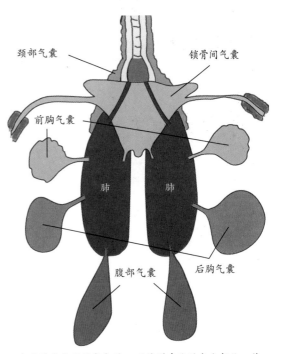

鸟儿的气囊跟肺部相连，延伸到身体的各个部位。作为肺的好帮手，气囊大大提高了鸟儿体内气体交换的效率，为飞行准备尽可能多的氧气

No.6 扑翼过程不好学

拍打翅膀的动作看似简单，其实藏着很多玄机。至今，人类也只是明

内侧翅膀关节处用力向下拍，带动外侧翅膀向下拍

内、外侧翅膀拍动速度均等，一致向下拍

内侧翅膀关节继续带动外侧翅膀，外侧翅膀加速往下拍动

当内、外侧翅膀持平时，内侧翅膀关节开始往上提，外侧翅膀继续向下拍动

内侧翅膀关节继续往上提，带动外侧翅膀内收，同时上提

内侧翅膀关节继续往上提，外侧翅膀提到同样高度时外展，整个翅膀持平

德国费斯托（Festo）公司研制的名叫"聪明鸟"（SmartBird）的仿生鸟，能够完成大部分鸟类的动作，可以自动起飞、飞行和降落。它的翅膀上下拍动，完全模仿鸟类的动作

白其中的一部分。比如向下拍翅膀的时候，鸟儿会伸直翅膀，并控制羽毛让翼尖前缘向下扭曲一定的角度，帮助鸟儿提供升力和前进的推力。鸟儿向上抬翅膀时，翅膀会稍微收缩，尽可能多地减少阻力。

当然，这些还只是鸟儿身体的一部分"机密"。鸟儿在飞行的时候会把腿收起来，尽量靠紧身体，进一步减小身体受到的飞行阻力。鸟儿还用尾巴帮忙保持身体平衡，控制飞行方向。鸟儿有轻巧的角质的嘴，嘴里没有牙齿；它们的直肠很短，不储藏粪便：这些结构都能减轻飞行时的身体负重。为了飞行，鸟儿全身都在参与"大作战"！

飞行家族的飞行"特技"

对某些鸟儿来说，它们飞行时也会讲究技巧，寻找帮手，运用高超的飞行"特技"。

滑翔　有的鸟儿明明有翅膀，可它飞行时基本不拍打翅膀，信天翁就是这样。它最拿手的就是滑翔。信天

鸟儿利用海面上方不同高度的气流速度差进行滑翔

有些鱼拥有翅膀状的鳍，鱼儿能靠这种鳍从水中跃起，并在空中滑翔

翁有一对细长的翅膀，长度可以达到3米，就算没有风，信天翁也可以在空中每下降1米时水平滑翔40米左右。它能连续好几个小时都不挥动一下它的长翅膀。

滑翔时，信天翁有个好帮手——海风。看看它是如何巧妙利用气流变化的吧！海上高空中的风力要比海面

处的大，信天翁会借助这个差别，时而顺风俯冲，获得更快的飞行速度，接近海面的时候，它又能迎着风爬升，向上冲去。有时，信天翁还会垂下自己的脚来增加一点升力，就像飞机使用的阻力板一样，从而更好地保持身体的平衡。

因为信天翁太喜欢狂风巨浪了，所以有经验的水手知道，哪里能看见成群结队的信天翁，哪里就不会有好天气。

秃鹫、老鹰依靠上升的热气流，能飞到几千米的高空

盘旋 老鹰、秃鹫、鹤都掌握盘旋这门飞行"特技"。在它们宽阔的翅膀上，羽毛排列得不那么紧密，羽毛之间留有较宽的空间。科学家研究发现，这样的翅膀一方面能帮助鸟儿承受猎物的重量，另一方面有利于提高翅膀上方空气流动的速度。而且，这些聪明的鸟儿还会充分利用周围上升的热气流，围绕着气流柱，采用螺旋形的飞行路线飞向高空，让向上升起的气流来帮助自己抬升。有些鸟儿还会在上午9~10点的时候停在地面上，等待上升的热气流出现呢。

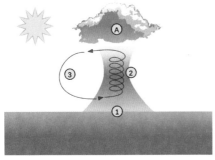

A：如果上升的热空气中含有足够的水分，则会形成积云
① 在太阳的照耀下，地表温度升高，空气变热上升
② 热空气在上升的过程中会逐渐变冷
③ 空气遇冷收缩并逐渐下降

人类最初的
飞行器

66

　　相传，三国时期，诸葛亮（字孔明）被司马懿围困在阳平，无法派兵出城求救。诸葛亮算准风向，制作了一个会飘浮的纸灯笼，系上求救的信息向友军求援，最后成功脱险。后人称这种灯笼为"天灯"或"孔明灯"。先不管故事真假，但孔明灯的原理却和一样东西十分相似，是的，就是热气球——第一种能让人类真正意义上离开地面飞行的工具。

99

古老神秘的飞天气球

1783 年 11 月 21 日下午 1 时 45 分，派里特·德·罗齐埃和马奎斯·达尔郎德坐在由一个气球悬挂着的大柳条筐里俯瞰巴黎大地，人们会永远记住这个神圣的时刻——第一次载人飞行的气球升到空中，并持续飞行了 25 分钟。

两位勇士能在巴黎上空飞翔，要归功于他们所乘坐的气球里燃烧的火团，火团燃烧产生的热空气使气球膨胀并飘浮在空中。这种奇妙的设计和制造是由法国造纸商蒙哥尔费兄弟提出的，他们的灵感来源于在壁炉中飞舞的碎纸屑——既然纸屑受热空气作用能飘浮起来，那来自火焰的热空气同样也能把人从地面举起来。两兄弟由于长期从事纸加工工作，对材料有着异于常人的认识，进而成功地掌握了制造气球的技能。但成功的道路并不是一帆风顺的，敢第一个吃螃蟹的人也不是到处都有，蒙哥尔费兄弟的飞行试验也是历经坎坷：从无乘客到笼子里装有一只羊、一只鸡和一只鸭三个特殊乘客，最后到派里特·德·罗齐埃和马奎斯·达尔郎德两位勇士；从开始的 8 分钟飞行到 25 分钟的遨游。这些都将热气球这一飞行工具推向一个新的时代。

1783 年 6 月 4 日，蒙哥尔费兄弟公开试飞了第一款无人热气球，引起了轰动

热气球不用翅膀飞行的秘密

热气球没有翅膀却能飞起来，难道热空气真的有如此神奇的力量，竟能让这个大家伙飘起来？事实上的确是这样。我们知道，空气是有质量的物质。相同体积的空气，如果温度不同，那么它的密度、质量也不同。这就像水和冰，将冰按入水底，松开后它总会浮上来，那是因为冰的密度比水小。气球升空的原理简单地说就是：球囊内空气被加热后密度变小（常压下，0℃时空气密度为 1.29 千克 / 米^3，100℃时空气密度为 0.95 千克 / 米^3），质量小于球囊外相同体积的冷空气，就像冰块在水中上浮一样，球囊在浮

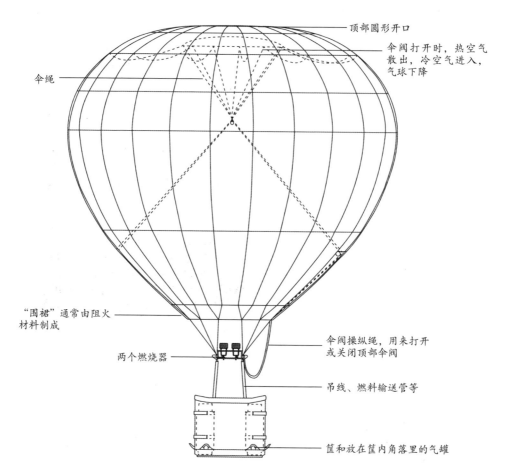

顶部圆形开口

伞阀打开时，热空气散出，冷空气进入，气球下降

伞绳

"围裙"通常由阻火材料制成

两个燃烧器

伞阀操纵绳，用来打开或关闭顶部伞阀

吊线、燃料输送管等

筐和放在筐内角落里的气罐

热气球在飞行过程中通过控制燃烧开关的间隔时间长短，以及通过伞阀操纵绳控制顶部伞阀开口大小的方式，来调整球囊温度（气体密度），以控制热气球的上升和下降

1783 年 12 月 1 日，查理在法国试飞的载人氢气球体积为 380 米³，根据计算，它受到的浮力约为 4902 牛（$\rho_{空气} g V_{排} \approx 1.29 \times 10 \times 380$），除去氢气的自身重力约 342 牛（$\rho_{氢气} g V_{氢气} \approx 0.09 \times 10 \times 380$），还能承受约 4560 牛的重力（约 456 千克的重物）

力作用下升空。热气球不能主动改变方向，需要利用不同高度层的风向来控制和调整前进方向，它的飞行速度依风速而定。

然而，人们很快又发现，热空气的密度还是大了一些，倘若在球囊中填充更轻的气体，是不是就会飞得更远？但是，什么气体能比热空气还轻呢？是氢气（0.09 千克/米³）和氦气（0.18 千克/米³）。由于氢气容易获取，而且比氦气便宜很多，因此人们首先用氢气来填充气囊，当时还有人乘坐氢气球成功地飞越了英吉利海峡。但是后来人们又考虑到氢气很容易燃烧，极不安全，所以后来载人飞行使用的热气球球囊都改由氦气填充。

热气球的进化——飞艇

为了掌握在空中飞行的主动权，人们又用发动机的动力来驱动热气球飞行。1852 年，法国工程师吉法尔发明了一种软式蒸汽动力飞艇，在吊篮内装设了一台仅 3 马力（1 马力≈735.5 瓦）的蒸汽发动机驱动一副三叶螺旋桨，并用一个三角形风帆来操纵飞行方向。虽然这种飞艇的飞行效率不高，速度仅为 8 千米 / 时，但却实现了自主控制飞行。1900 年，德国人齐柏林制造出了世界上第一艘硬式飞艇，内部有庞大的硬质骨架，很好地保持了飞艇的形状，而且动力

来源换成了效率更高的内燃机，动力性能大为提高。

飞艇与热气球的最大区别在于飞艇具有推进和控制飞行状态的装置。飞艇由巨大的流线型艇体、位于艇体下方的吊舱、起稳定控制作用的尾翼和推进装置组成。艇体的气囊内充以密度比空气小的浮升气体（氢气或氦气），以产生浮力，使飞艇升空；吊舱供人员乘坐和装载货物；尾翼用来控制航向、保持稳定。

作为热气球的升级版，飞艇有着更大的本事，在军事方面如鱼得水，成为最早的空中军事力量。第一次世界大战期间，英国和法国曾使用小型软式飞艇执行反潜巡逻任务。而德国则建立了齐柏林飞艇队，用于海上巡逻、远程轰炸等军事活动。但由于军用飞艇体积过大、速度低，因而易受到攻击，随后逐渐被性能不断提高的飞机所取代。飞艇转而向商业方向继续发展。

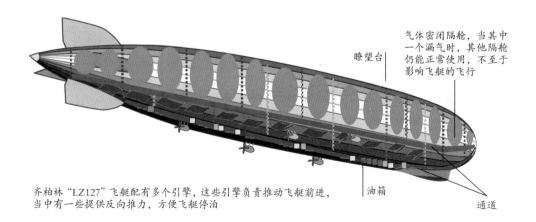

气体密闭隔舱，当其中一个漏气时，其他隔舱仍能正常使用，不至于影响飞艇的飞行

瞭望台

油箱

通道

齐柏林"LZ127"飞艇配有多个引擎，这些引擎负责推动飞艇前进，当中有一些提供反向推力，方便飞艇停泊

实现飞天梦的莱特兄弟

66

　　飞机不是一下子就飞上了天的，莱特兄弟是站在"巨人"的肩膀上，并经过漫长的摸索后，才取得成功的。他们并没有一开始就投身飞行事业，而是开了一家自行车店，当他们通过各种新闻渠道，了解到飞行的事情，关于飞行的梦想才逐步产生。

99

乔治・凯利于1853年制作了更大的滑翔机，载着他的马车夫升空飞行

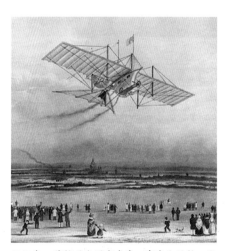

1843年，英格兰发明家威廉・亨森和约翰・斯特林费洛设计出一架以蒸汽机为动力的庞大的单翼飞机——"空中蒸汽车"，开启了人类对动力飞行器的尝试

站在"巨人"的肩膀上

　　莱特兄弟先是学习航空知识，总结前人的经验和教训，他们发现在机翼和动力方面，前人已经提供了很多参考。

　　1804年，英国人乔治・凯利制作出世界上第一架可以飞行的滑翔机。他的文章《论空中航行》首次阐述了飞行动力学的有关原理，为之后的飞行科学探索者开辟了道路。

1874年，法国的菲历克斯・杜・坦普尔设计并制造出具有倾斜翼面的载人单翼飞机，虽然只在空中飞行几米就坠落下来，但却是世界上第一架动力驱动、由人驾驶以及有固定机翼的能进行空中飞行的飞机

莱特兄弟把首要问题放在了如何控制飞机方面，他们在观察鸟类飞行后发现，鸟儿可能是通过改变翅膀后端羽毛的角度来控制身体左右转向的，于是他们也想让飞机在转弯的时候像鸟儿一样向转弯位的内侧倾斜，他们因此设计了翘曲机翼。为了测试这种翘曲机翼技术，1899 年，他们专门制作了一架长 5 英尺（1 英尺 = 0.3048 米）、形似双翼飞机的箱型风筝进行验证。这是莱特兄弟特有的采用飞行试验来验证关键概念的工作方法，这为他们下一步工作打下了基础。这种方案被莱特兄弟后来设计的滑翔机和动力飞行器采用，1903 年的"飞行者一号"采用的就是按逆时针方向滚转的翘曲机翼。

之后，莱特兄弟开始设计一架全尺寸的滑翔机，机翼表面都有外凸的弧度，他们直接借鉴了前人的设计——弧面机翼比扁平机翼能提供更多的升力。莱特兄弟还创造性地在飞机前面安装了升降舵，它并不是固定不动的，而是由专门的操纵杆控制的。此外，升降舵位于机翼前方，起着降落伞的作用，在滑翔机失速时能水平着陆，避免机身俯冲坠落，减少飞行风险。1901 年，莱特兄弟试飞他们的新型滑翔机时，问题却出现了，这架滑翔机安装有较大的翼面，主要为了提高升力，但结果却让人失望，滑翔机的飞行高度远不及预想。究竟哪里出错了？

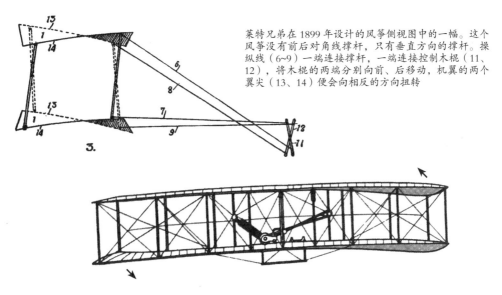

莱特兄弟在 1899 年设计的风筝侧视图中的一幅。这个风筝没有前后对角线撑杆，只有垂直方向的撑杆。操纵线（6~9）一端连接撑杆，一端连接控制木棍（11、12），将木棍的两端分别向前、后移动，机翼的两个翼尖（13、14）便会向相反的方向扭转

1903 年，莱特兄弟设计的"飞行者一号"机翼滚转正视图

面对问题，实践出真知

由于滑翔机的实际升力远不及理论数据，莱特兄弟开始对升力方程中的空气压力系数（也叫斯密顿系数）提出质疑。当时人们以为这一系数值是 0.005，但莱特兄弟经过测试，发现数值应该接近 0.003。因为原系数比实际值偏大，所以计算出来的结果也偏大了。

观察窗

风扇

气流方向

此为 1901 年莱特兄弟建造的风洞，风速达 12 米 / 秒。他们的风洞实验大大加快了第一架动力飞机的问世进程

同时，莱特兄弟意识到每次都建造全尺寸的滑翔机进行飞行试验，不仅成本高而且费时费力，因此 1901 年下半年，他们建造了一台直径 6 英尺的小型风洞，先后对 200 多个不同形状的机翼模型进行测试。通过风洞试验，莱特兄弟得到了很多科学数据，也发现了许多科技书籍中不正确的地方。他们发现机翼的展弦比（机翼的长度除以宽度的值）越大，产生的升力也越大，从而设计出了更高效的机翼。

实践出真知。根据新的发现，莱特兄弟在 1902 年着手设计新的滑翔机。他们除了把翼弧设计得更平坦，后来还给滑翔机添加了尾巴——一个可以左右摆动的垂直尾舵，它可以在转弯或受到气流干扰时起归正的作用。改进后的滑翔机果然不负众望，在试飞过程中表现良好。莱特兄弟觉得时机已经成熟，决定开始建造一架

有动力的飞行器。

"飞行者一号"成功试飞

1903年，莱特兄弟开始制造"飞行者一号"双翼机。在选材用料上，莱特兄弟特意使用了一种高强度的轻质木材——云杉木。建造动力飞机必须要有发动机，可当时根本没有专门供飞机使用的发动机。莱特兄弟决定自己动手。他们并没有一味追求大功率，而是根据飞机的实际需要来设计图纸，后来他们在机械师查尔斯·泰勒的帮助下，制造了一台大约12马力的活塞式发动机。为了减轻重量，发动机采用了铝质外壳，这在当时是相当罕见的。

最后是设计螺旋桨。莱特兄弟本以为很简单，但在真正开始设计时却面临重大难题。他们一开始打算直接套用机动船的螺旋桨数据，却发现根本找不到这方面的资料，而且在水下和在空中使用螺旋桨肯定存在差异。兄弟俩犯了愁，开始研究有关螺旋桨的理论知识，并利用风洞实验的数据设计出一个高效率的二叶式螺旋桨。飞机上共安装了两个这种新式螺旋桨，后朝向的推进方式可以获得更大的反作用力，而且两个螺旋桨的旋转方向相反，可以抵消掉扭矩的不平衡效应。

一切工作准备就绪，试飞的关键时刻终于到来。1903年12月17日，奥维尔·莱特驾驶"飞行者一号"开始首次试飞。虽然飞机在空中飞行的时间只有12秒，飞行距离只有36米，但这却是人类历史上第一次完全受控制、安装有动力装置、机体比空气密度大、持续滞空不落地的飞行，这也拉开了航空时代的序幕。

1903年，"飞行者一号"首次飞行。这是莱特兄弟设计的第一架动力飞行器。翼展约12米，重274千克，配备一台12马力的内燃式发动机。整机采用升降舵在前、方向舵在后的鸭式布局

第 II 章

[飞机飞行的]
奥秘

1911 年 9 月 20 日，英国海军豪克号巡洋舰在与奥林匹克号邮轮高速并行时，像被一股神秘的力量牵引着一般，莫名其妙地撞向了奥林匹克号

带动飞机上升的
"伯努利效应"

66

　　1911 年 9 月 20 日，当时世界上最大的远洋轮船之———
奥林匹克号邮轮，离开英国的南安普敦港，驶向纽约。当它
航行到怀特岛东北海域时，与英国皇家海军铁甲巡洋舰豪克
号相遇了。当时两船的航速相近，靠得也很近，近到都能相
互招手致意。然而，在一起高速并行的两艘轮船相距 100 米
左右时，体型较小的豪克号像被奥林匹克号这块"巨大的磁铁"
吸过去了一般，突然猛地朝奥林匹克号冲去。更让人匪夷所
思的是，在撞过去的整个过程中，舵手无论怎样操纵都没有用。
砰！大家眼睁睁地看着豪克号的船头撞在奥林匹克号的船舷
上，撞出一个大洞，好在船上的乘客都无大碍。

99

神秘的"船吸现象"

在豪克号撞击奥林匹克号事故发生之后很长一段时间里，人们都不清楚这起海难的起因。据说，当初海事法庭审理这件奇案时，奥林匹克号的船长被判为过失方，因为他没有发出指令给横着开来的豪克号让路。可见，当时的人们还没有认识到这次事故的原因——"伯努利效应"。

什么是"伯努利效应"呢？别着急！我们要从这个效应的发现者瑞士物理学家丹尼尔·伯努利说起。

丹尼尔·伯努利经过无数次实验后，于 1726 年提出了著名的"边界层表面效应"：流体速度加快时，

丹尼尔·伯努利（1700—1782）
被称为"流体力学之父"

物体与流体接触的界面上的压力会减小，反之，压力会增大。丹尼尔·伯努利在 1738 年出版的专著《流体动力学》一书中，对这一效应进行了较为翔实的阐述。为纪念这位科学家的贡献，人们将这一效应命名为"伯努利效应"，也称"伯努利原理"。

什么是"船吸现象"呢？当两艘船并行时，两船中间的水流速加快，水流对船内舷的压力减小；而外舷的水流速慢，压力相对较大，船的左右舷受到的压力形成压力差。于是，在

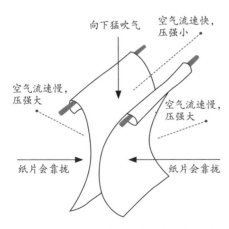

向两纸之间吹气时，气流快速从中间流过，根据"伯努利效应"可知，两纸片内侧气流速度快，压强会减小，因而形成内外压力差，两张纸不但没分开，反而紧靠在一起

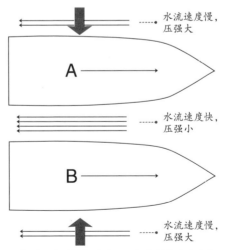

两船近距离并排行驶时，两船内侧水流速度会高于外侧的水流速度，而外侧船舷受到水流的压力会高于内侧船舷，这种压力差使两船靠拢，撞在一起

外侧水压的作用下,两艘船渐渐靠近。现在航海上将这种现象称为"船吸现象"。豪克号与奥林匹克号高速并行时,由于豪克号体型较小,它向两船中间靠拢的速度要快得多,因此造成了豪克号撞击奥林匹克号的事故。

后来,"船吸现象"引发的海难事故不断增加。而且随着造船技术的进步,轮船和军舰越造越大,一旦发生撞船事故,危害性就很大。因此,国际航海界做出了很多规定,包括禁止船只平行航行,两船同向行驶时彼此必须保持一定的间隔,在通过狭窄地段时,小船与大船彼此也要做相应的规避等。

"伯努利效应"的应用

"伯努利效应"在自然界中大量存在,并被广泛应用于各种发明。除了引发撞船事故的"船吸效应",我们身边还存在着很多的"伯努利效应"。它们有的为我们提供了安全保护,有的为我们的生活提供了便利,当然也有的会给我们带来危险。

除了带动飞机上天的升力跟"伯努利效应"有关,我们生活中还有一些常见的实例!

乒乓球的上旋

乒乓球运动中的攻球,以快速和凶狠给对方造成很大的威胁,但也会遇到这样的尴尬——挥拍过猛,球会飞出界外;如果过分压低球的弧线高度,球又会触网。不解决落点的问题,攻球的威胁也就成了水中月、镜中花。那么有没有一种进攻,可以裹挟着强劲的力量和速度杀向对方,又能缩短打出的距离,增加乒乓球飞行弧线的高度?有,这就是带上旋的攻球。

乒乓球的上旋,会使球体表面的空气形成一个环流,环流的方向与球的上旋方向一致。这时,球体还在向前飞行,所以它同时又受到了空气的阻力。环流在球体上部的方向与空气阻力相反,在球体下部的方向与空气阻力一致,所以,球体上部空气的流速慢,而下部空气的流速快。流速慢

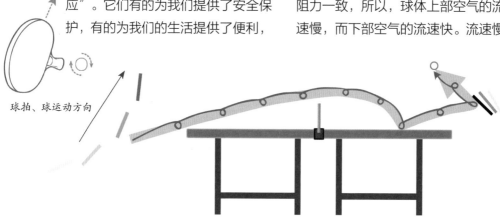

球拍、球运动方向

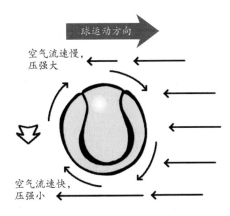

球运动方向

空气流速慢，
压强大

空气流速快，
压强小

的压强大，流速快的压强小，这样就
使球体得到了一个向下的力——使球
在后半段急剧下降。

上旋的特性在弧圈球中表现得
最为突出，因为弧圈球的上旋力非
常强。法国运动员埃洛瓦凌厉的两
面弧圈球技术，使他曾在乒坛上称
霸一方。

火车站站台安全线

在火车站或地铁站的站台上，离
站台边缘1米左右的地方都标有一
条安全线，广播和安全引导员不断地
提醒乘客要站在安全线后候车。这就
是人们防止"伯努利效应"造成危害
的一种措施。

根据"伯努利效应"，火车或地
铁疾驰而过时，会对站在它旁边的人
产生一股很大的"吸引力"。曾有人
测算过，当火车以50千米/时的速
度前进时，产生的吸引力相当于用
78牛的力从背后把人推向火车。
因此我们一定要站在安全线后候
车哟！

了解了这么多奇妙的"伯努利
效应"，你是不是已经明白"伯努
利效应"是怎么回事了？那就做个
有心人，仔细留心生活中的一些奇
妙现象，发现更多的"伯努利效应"
实例吧！

让飞机飞行的力量

66

　　一架满载乘客的飞机进入跑道滑行，速度和动能越来越大，然后慢慢地从地面抬头，腾跃入空，飞向目的地。是什么力量让飞机在空中平稳地运行呢？是重力、阻力、推力、升力这四大力。人类通过巧妙的设计，使这些力量共同作用，让飞机平稳地飞行。

99

阻力

　　阻力是影响飞机飞行的一个关键力量。飞机向前飞行时，它周围的气流会产生一种阻碍它向前飞行的力，那就是阻力。

　　我们知道，滑雪者在滑雪时通常会弓着身子，一方面是为了更好地保持平衡，另一方面也是为了减少受到的空气阻力。飞机也是如此。飞机的形状、速度和空气的黏性等许多因素都会影响飞机受到的阻力大小。一旦飞机的速度足够快，小小的起落架如果不收回，它受到的空气阻力就足以把它扯断。很恐怖吧！

重力

　　重力是飞机飞行时所受的四大力之一。重力指物体受到的地球引力，这个力会把物体"拉"回到地球。比如在起飞前，飞机能安静地停留在地面上，就是受到重力的缘故。

　　由于飞机的密度比空气的大，因此在没有受到其他外力的情况下，飞机不会自动飘到空中。要想让飞机飞起来，必须给飞机一个向上的升力来克服它受到的重力，不然它只能留在地面上。

升力

升力是飞机腾空的另一个关键力量。对于飞机来说，机翼的结构是飞行的关键。事实上，机翼的形状是飞机能否升空和开展离地后运动最核心的部分。带有向上迎角（机翼与它穿行的空气所形成的夹角）的上凸机翼在空气中移动时，机翼表面的压力会产生变化。机翼底部的压力会慢慢变大，而顶部压力慢慢变小，这个压力差逐渐产生向上的升力，最终使得飞机克服重力，一飞冲天。

推力

推力是推动飞机向前运动的力。推力是必要的力，因为它是让飞机克服阻力向前飞行的幕后推手。

对大多数飞机来说，推力由飞机的发动机产生。推力推动飞机向前，它使机翼与空气产生了相对运动，这为机翼产生升力创造了条件，但推力本身不会使飞机升空——这同很多人认为推力使飞机升空的想法可能不同。

理解升力

升力是一种不可思议的力量，是飞行最重要的力量之一。它也是最难理解的力之一。在科学家长期研究的过程中，人们对升力的产生机制的认识在不断变化。最常见的关于升力的解释是如下的两个理论。

理论一

这是最常见的理论，被称为"均衡过渡"理论，该理论分析了机翼的截面图：机翼顶部面上凸，而底部面平坦。由此进而分析：

上面上凸的表面路径比较长，下面平坦的表面路径比较短，同样的空气分子在同样时间流过上下表面时，在上表面移动速度更快，根据伯努利原理，机翼下表面的压力就比上表面大，由此产生了升力。

这个理论不能解释为什么有的飞机机翼上下表面形状对称也可以飞。此外，科学实验还证明，在机翼前沿同时分开越过上下面的空气分子并不总是能在机翼尾部相遇；就算能够相遇，根据理论计算，这个路径差产生的升力也不足以使飞机飞起来。

因此，这个理论肯定是有缺陷的。

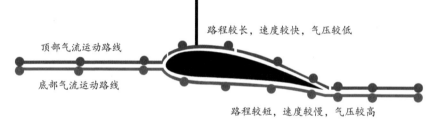

路程较长，速度较快，气压较低

顶部气流运动路线

底部气流运动路线

路程较短，速度较慢，气压较高

"均衡过渡"理论

怎样降低飞机的重量

建造飞机使用什么材料对飞机的飞行意义重大。铝是建造飞机最常用的材料，因为它的强度高，且重量轻——这能使飞机在足够坚固的情况下减轻整体重量。

但是对于飞机上的很多部件来说，铝的金属强度是不能胜任的，这就需要一种特殊的金属：钛。钛的密度比较小，具有高抗拉强度以及优良的抗腐蚀性、抗疲乏性、抗裂痕性，还具有在没有蠕变的情况下抵

钛的密度是 4.51 克/厘米³，比钢（密度 7.85 克/厘米³）小得多

受适度高温等特性。钛与铝、钒及其他元素所制成的合金，用于制造关键的架构部件、起落架、排气管及液压系统。据估计，生产一架波音 777 要用 59 吨钛，一架波音 747 要 44 吨，一架波音 737 要 18 吨，一架空中客车 A340 要 32 吨，一架空中客车 A330 要 18 吨。

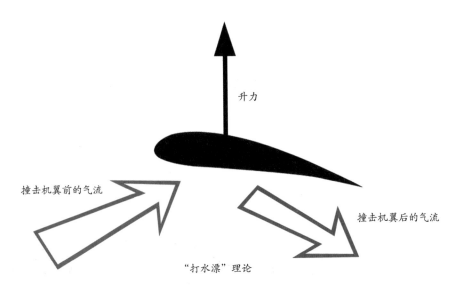

升力

撞击机翼前的气流

撞击机翼后的气流

"打水漂"理论

理论二

另一个理论则认为，空气分子撞向机翼底部时，对机翼产生一个作用力，从而产生升力。这种效果类似于用扁平并且前沿有一定上翘角度的石头打水漂。当你贴着水面平扔石头，石头与水碰撞，水给予石头一个向上的力，让石头弹回空中，这样子一次一次的回弹使得石头从水面上"漂过"而不落入水中。飞机也一样，当机翼在空气中移动并且具备一个仰角时，空气分子冲击机翼底部，给予机翼向上的力。

但这种理论忽略了一个事实，即与水只作用于石头底部不同，空气分子除了冲击机翼底部，也会冲击机翼顶部——科学家能用实验证明这一点。该理论忽略了升力是所有翼面分子撞击的结果，且整个机翼在升力产生过程中都在起作用。

美国国家航空航天局的科学家分析了几个常见的升力理论，指出了它们各自的片面性。

科学家指出，飞机机翼的形状与机翼向上仰的冲角，使机翼相对于空气移动，也即空气流过机翼表面时，机翼顶部压力变小，机翼底部压力增大而产生升力。这个升力是复杂的，是多种力量共同作用的结果。包括上面两种解释中提到的现象，都在为升力做出一定的贡献，只是实际上的作用并不像上述的那么简单。比如，"伯努利效应"固然是升力的主要贡献之一，但导致机翼上方空气流速比下方快的原因也是复杂的，不仅仅是表面路径长短那么简单。

飞行是一种令人惊叹的发明。只有四股力量恰到好处地共同作用，才能让飞行成为可能。因此，下一次你看到飞机冲上蓝天时，请记住：飞机飞上天空，比你想象的要复杂得多。

升力相应改变

推力

空气阻力

随着燃料减少，飞机所受重力不断改变

力的微妙平衡与飞机控制

66

　　我们知道，固定翼飞机的飞行是一种很奇妙的过程，它飞行时受到了推力、升力、阻力、重力四种力，这几种力通过微妙的平衡，令飞机能翱翔蓝天并实现各种飞行动作。但通过控制飞机的哪些部件来调整这几种力，最终使飞机做出转弯、升降等动作呢？

99

力量的平衡

　　飞机飞行的关键力是升力。飞机上天后，飞行员会通过改变机翼的迎角，操纵襟翼和副翼的位置，来控制飞机升力的大小，使飞机提升或降低高度，保持平稳飞行。

　　重力是飞机在飞行时必须要克服的力量之一。要让飞机保持匀速、同一高度飞行可不是一件容易的事情，除了气流的影响，还有一个因素必须考虑，那就是飞机的重力会因飞行过程中燃料的消耗而变化。随着燃油的不断消耗，飞机重力会逐渐降低，因此，也要不断调整襟翼状态，使机翼升力与重力保持平衡。

　　阻力会让飞机速度变慢，阻力一般是由与飞机擦身而过的空气产

波音 787 驾驶舱

生。空气阻力会减缓飞机的速度，一般来说，飞机的表面积越大，阻力越大。而飞机的流线型设计有助于降低阻力。

飞机需要通过发动机的推力来克服空气阻力。飞机越大，所需燃料越多，这样才能保证有足够的推力来克服阻力。

空中驾驶台

要想灵活得当地运用和控制这四种力，飞行员必须在起飞、飞行和着陆时，运用好驾驶舱里的三种控制工具。这三种控制工具是：

操纵杆。操纵杆控制飞机副翼和升降舵，使飞机俯仰和翻滚。

方向舵踏板。方向舵踏板控制飞机后部的方向舵，操控飞机转弯。

油门。油门控制飞机的速度及推力。

控制飞机完成升降、转弯等这些动作的翼面部件被称为"操纵面"。机尾的操纵面有两组：一组被称为"升降舵"，位于飞机水平尾翼上，可向上或下偏转，以控制飞机机头的俯仰，从而让飞机完成下降与爬

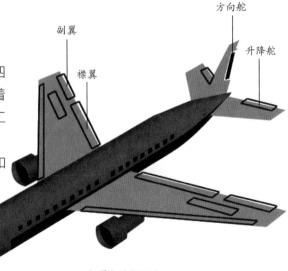

方向舵

副翼

升降舵

襟翼

机翼上的操纵面

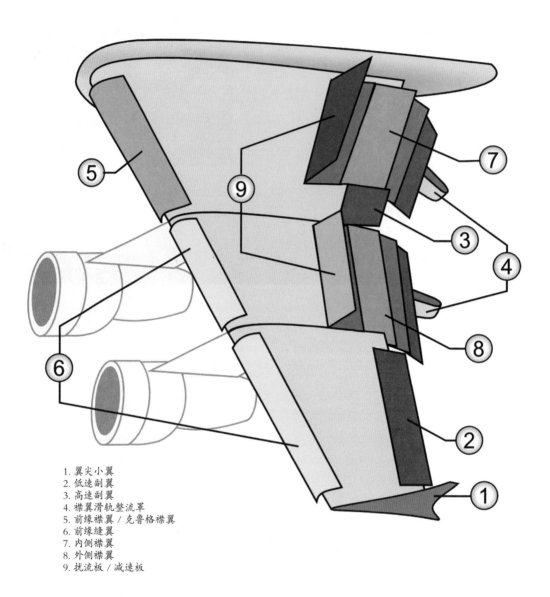

1. 翼尖小翼
2. 低速副翼
3. 高速副翼
4. 襟翼滑轨整流罩
5. 前缘襟翼 / 克鲁格襟翼
6. 前缘缝翼
7. 内侧襟翼
8. 外侧襟翼
9. 扰流板 / 减速板

升的动作；另一组操纵面叫"方向舵"，位于飞机的垂直尾翼上，可向左或右偏转，从而使飞机左转或右转。

其他两组操纵面都位于机翼上，它们是襟翼和副翼。襟翼是位于机翼内侧后缘或前缘的操纵面，可向下偏转或（和）向后（前）滑动，襟翼是改变飞机升力的关键，有了襟翼，飞行员就可以在驾驶台上即时调节机翼上的升力；副翼则是位于机翼远端后缘的操纵面，可向上或下偏转，在飞机滚转、转弯时起重要作用。

飞机起飞时，由于速度相对较低，只有通过展开部分襟翼，从而扩大整个机翼面积、相对改变机翼迎角等方式来增大升力

飞机降落时，襟翼全部展开并向下倾斜，一方面可以提供最大升力，另一方面，也尽可能提供最大阻力，协助飞机尽快停下来

不同状态下襟翼截面形状

飞机起降控制

按照牛顿定律，每个作用力都有一个大小相等、方向相反的反作用力。如果说升力和推力有助于保持飞机飞行，那么重力和阻力将帮助飞机回到地面。

一般来说，飞机在起飞时，由于还没离开地面，速度也较低，因此升降舵暂时起不了太大作用，只有通过增大机翼迎角、机翼面积等方法来给飞机提供更大的升力。此时，能做的就是展开部分襟翼，从而改变整个机翼的形状，以增大升力。

当飞机失去推力和升力时，它将回到地面。一般来说，在飞机着陆时，飞行员将减少飞机的推力，降低飞行速度。由于速度急速降低，机翼所能提供的升力也急速下降，为了使飞机平稳落地，飞机襟翼要全部展开并向下倾斜。这样做，一方面可以提供最大升力，另一方面，也尽可能提供最大阻力，协助飞机尽快停下来。随着飞机越来越接近跑道，飞行员会打开制动器，进一步减小推力。然后，飞机开始接触地面，沿跑道慢慢减速，最后安全停住。对于一些较大的飞行器，如喷气式飞机，人们甚至会安装反向推进器，往相反的方向喷射推力，以进一步减缓飞机速度。

在空中直行

飞机在空中飞行时，可由水平尾翼上的升降舵来控制飞机的俯仰动作。升降舵抬高时，机尾压低，机头抬起；反之则机头降低。

飞机的俯仰改变了机翼迎角。迎角大小会影响飞机的升力。机翼与风的迎角越大，升力越大。相反，迎角越小，飞机升力越小。因此，飞机的俯仰实际上表示了下降和爬高。

而要让飞机平直飞行，机翼迎角须比飞机上升时的小。这种操作在飞行中往往比较难做到。因此，让飞机保持固定高度平飞相对较难，而让飞机爬升实际上相对容易。

改变机翼的形状，也就是改变襟翼和副翼的位置，是调节飞机的升力、让飞机平稳直行的手段。

空中转向

升降舵抬高

升降舵抬高时，水平尾翼上方的压力大于下方的，从而使得机尾压低，机头抬升，飞机爬升；相反，飞机则下降

飞机在空中飞行时要转向必须同时完成两个动作，一个是机头转向，

另一个是侧向倾斜。

这其实有点像自行车或摩托车转弯。下一次你骑自行车时，仔细观察如何转弯。假设你要左转，你在转车头的同时，会稍微将左边车把压低，让人和车倾斜，以平衡转弯时的离心力，然后再朝左边真正转向。

摩托车转弯，在车头转向时，还必须使车身倾斜

飞机机头转向由机尾的方向舵控制。坐在驾驶舱的飞行员可控制方向舵的转动：方向舵向左转，飞机向左飞；相反，方向舵向右转，飞机向右飞。

从机尾向机头看，方向舵向机身右侧偏转时，相当于垂直尾翼向右侧凸起，垂直尾翼右侧压力变大，左右两侧压力差使得机尾向左偏转，即机头向右偏转，协助完成飞机右转动作

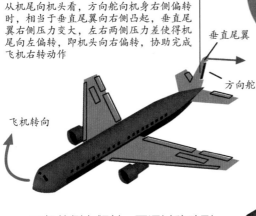

飞机的侧向倾斜，要通过移动副翼来实现。飞行员通过控制副翼，使右（左）副翼升高，左（右）副翼降低，来实现飞机右（左）倾。如果飞行员继续加大这一倾斜力度，则飞机可以做出侧飞，甚至滚转动作，也就是大家通常在航展的飞行表演或电影中看到的翻转特技。

为了同时完成这两个动作，飞行员必须同时操控副翼和方向舵，通过转向和倾斜相结合，让飞机转弯。

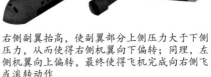

右侧副翼抬高，使副翼部分上侧压力大于下侧压力，从而使得右侧机翼向下偏转；同理，左侧机翼向上偏转，最终使得飞机完成向右侧飞或滚转动作

飞行真是一个神奇的过程。四种力，以及构成这四种力的各个分力，都要微妙平衡，共同工作，才能实现飞机的起飞、飞行和着陆。没有这些力的共同作用和飞行员的控制，人类飞行将永不可能。正如你所看到的，所有飞行员都希望力量与他们同在。

研究飞机飞行的风洞试验

66

根据运动的相对性原理，飞机在空气中高速飞行，也相当于飞机静止不动，而空气高速流过机身、机翼表面。正是这种高速空气的流动，让飞机产生了向上的升力。就如我们前面所讨论的一样，飞机升力产生的机制是很复杂的，有很多空气动力学的效应在起作用，飞机的升力是这些效应的综合结果。理论的计算是很复杂的，但是我们有很简单直观的实验手段来验证，或者说是纠正理论，那就是风洞实验。

99

神奇的风洞

昆虫中飞行一族的翅膀简直是工程学的奇迹，拿蜻蜓来说，它们每秒可以扇动 30~50 次翅膀，而摇蚊高达 1000 次。很多昆虫都可以侧飞、倒飞，甚至倒着起飞和落地。为什么这些不起眼的小家伙能有如此大的能耐呢？直到最近，人们把昆虫放进风洞好好研究了一番才发现，原来这些小家伙的翅膀能在空气中制造涡流，依靠这些可控的涡流，它们的翅膀在向下和向上拍动时都能产生升力。一只小蜜蜂借助涡流，产生达到其体重 3 倍的升力，而向前的推力则是体重的 8 倍之多。这就是蜜蜂能在空中做出匪夷所思的急转弯的原因。

风洞就是这样一种神奇的装置，

莱特兄弟建造的木质风洞（图中为复制品），其实就是一个两端开口的大木箱，风洞顶端设有观察窗，向木箱中吹风的风扇动力来自一台汽油发动机

能近似模拟自然界中真实的状态，让昆虫、飞机在里面"飞行"——事实上是让它们在风洞里静止不动，用风力设备给它们吹风。根据运动的相对性原理，这和它们在静止的空气里飞行的效果是一样的。现在看来，我们似乎很好理解这一理论。但在 20 世纪初期，许多航空研究人员对此还持怀疑的态度，只有莱特兄弟等为数不多的人相信有这种等效关系的存在。莱特兄弟在 1901 年进行的风洞实验让他们受益匪浅——他们发现了哪些

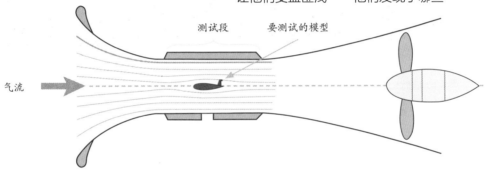

测试段　要测试的模型

气流

开口式低速风洞，用风扇在风洞末端向右侧鼓风，让气流从入口吹向被测试的物体

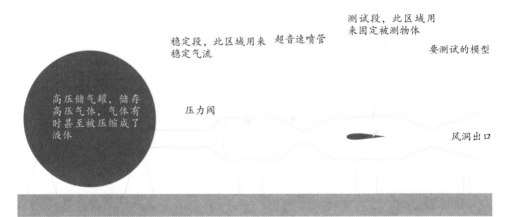

稳定段，此区域用来　超音速喷管
稳定气流

测试段，此区域用来固定被测物体

要测试的模型

高压储气罐，储存高压气体，气体有时甚至被压缩成了液体

压力阀

风洞出口

超音速风洞，当需要达到音速、超音速的风速时，采用传统的电机驱动风扇等方式已经满足不了要求，一种常用的解决方法是利用压气机，将空气增压贮存在高压储气罐中。实验时，快速开启阀门，高压气体瞬间释放，通常能达到几马赫（马赫是表示速度的量词，又叫马赫数，它是飞行的速度除以当时的音速得出的数值。速度为 1 马赫即表示飞行速度和音速相同；马赫数小于 1 为亚音速，即比音速慢；大于 1 为超音速，表示比音速快；马赫数大于 5 为高超音速）的速度

X-43A 飞机模型在美国兰利（Langley）高超音速风洞中进行 7 马赫的风洞实验

才是"正确的空气动力学"，这大大加快了动力飞机的研制进程。没有风洞实验，人类成功实现动力飞行不可能早在 1903 年 12 月 17 日，或许也不会发生在莱特兄弟身上。

认识风洞

简单说来，风洞就是用来产生人造气流（人造风）的管道，大致由管体、风力设备、测控系统三大部分组成。

风洞实验

人们用相对性原理——用风吹静止的飞机代替飞机在空中飞——让飞机"静下来"，固定到风洞里"飞"，以研究飞机"飞行"时的状态及各项参数，比如研究空气流过机身机翼时的流体状态，研究飞机各个部位所受的力。

但要把在天上飞的飞机放到风洞里"飞"，人们还要解决另一个问题：飞机迎风面积比较大，如机翼翼展小的几米、十几米，大的几十米，使迎风面积如此大的气流以相当于飞行的速度吹过来，其动力消耗将是惊人的。因此，人们又利用相似性原理，将飞机做成等比例缩小的模型进行实验。当然，随着技术的发展，也有比较大的全尺寸风洞（即实验模型可以和实物一样大小），比如美国埃姆斯（Ames）研究中心的全尺寸低速风洞，最新的实验段直径达 24.4 米，长度达 36.6 米。

向实验模型喷洒荧光油膜，在紫外线的照射下能实现可视化，气流吹向模型时，可根据油膜在模型上的流向来分析气流状况

由于空气是无色的，因此，人们利用风洞研究模型周围的气流时，不得不想出各种辅助手段。比如在气流中混入有色液体、烟等来观察气流在模型周围的流动方向、涡流的形态等。在空气中混入烟雾后，透明的气体瞬间变得易被观测。这种方法简单易行，为此，世界各国建有不少烟风洞。产生烟雾的方法也有很多，如把不易点燃的矿物油用金属丝加热来产生烟雾等。

随着电子技术和计算机技术的发展，从 20 世纪 40 年代后期开始，风洞测控系统也由最初通过手动和人工记录，发展到了采用电子液压控制系统、实时采集和处理的数据系统。测控系统按预定的实验程序，控制各种阀门部件、模型和仪器仪表，并通过各种传感器，测量气流参量、模型状态等相关物理量。

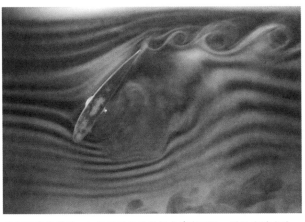

有了烟雾的帮助，机翼周围气流的状态清晰可见。利用这种方法，可以研究机翼迎角角度变化时周围的气流状态

简易风洞实验

66

不是所有的实验都需要高精度的仪器，把家中的一些常
见物品稍加改造，就可以作为实验器材，进行一系列小实验，
比如纸箱风洞机翼升力实验。

99

制作简易风洞

一切从简，风洞的风力设备用家中的吹风机、风扇就好了。重点是制作风洞箱体、支架系统、稳流设备这三大块。准备好牛奶箱、白卡纸、吸管、长竹签、剪刀、手工刀、圆规、双面胶、胶枪（需要用到电，请在家长或老师的指导下使用），就可以开工啦！

A. 制作风洞箱体——改造牛奶箱

选择箱体：风洞的箱体选择很重要，为了避免从零起步建造箱体，最好直接找一个带有透明"观察窗"的牛奶箱。

如果你找到的牛奶箱的"观察窗"很小，也可以选择把箱顶剪掉一部分，然后用透明包装纸裹严实，这样也能扩大观察视野。

建造进、出风口：用圆规在纸箱一端的中心画个圆，直径约为牛奶箱高度的一半，用手工刀或剪刀裁下一个圆洞作为进风口；把另一端的纸板直接剪下，作为出风口。注意，剪下的矩形硬纸板千万别扔掉，后面会用到。

本身带"观察窗"，不用费工夫进行改造

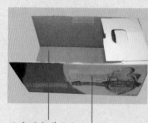

用透明包装纸把顶部整个包严

"观察窗"有些小

B.制作稳流设备——吸管蜂窝

　　由于风扇和吹风机吹出的风会有涡流，影响风洞实验效果，因此最好制作一个稳定气流的装备——吸管蜂窝（当然，如果嫌麻烦的话，也可以直接找块纱网套在进风口上来代替）。

　　制作蜂窝芯：把吸管剪成约4厘米长的小段，用双面胶把它们粘在一起，然后卷成一个和进风口大小相同的蜂窝卷。

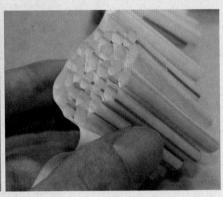

如果你的手很巧的话，能把它们剪得很齐。每两段吸管间要留些空隙，以方便把它们卷成卷

　　组装蜂窝芯：在硬纸板上挖个和进风口大小相同的圆洞，把蜂窝卷装进去，用胶枪粘牢；然后给它做个"漏斗"围裙围在周围，同样用胶枪把它粘牢。

还记得它吗？它就是前面从牛奶箱一端剪下的那个矩形板。用胶枪把它们粘牢并密封边缘空隙；蜂窝卷在纸板两端各露出2厘米

组装完成后的外部、内部效果

露出的吸管能紧紧卡在进风口上，为了更牢固，也可以用胶枪把它们粘在上面

C. 制作支架系统——竹签纸板

有些牛奶箱的底部会垫有一层硬纸板，用来制作活动支架十分方便。

制作支架：把竹签裁成比纸箱高度一半略长的长度，用胶枪把它固定在硬纸板上。把吸管裁成纸箱高度一半的长度，用胶枪把吸管固定在要进行实验的部件上，如机翼。

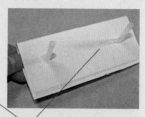

注意两吸管和两竹签之间的间距相同，且吸管和竹签长度之和大于纸箱高度，以免实验时机翼滑落

组装支架系统：把机翼套在竹签上，把支架系统从出风口装进箱体中，就大功告成了。

其他方法：进行实验的为飞机模型时，也可以用胶枪把两个吸管固定在机身两侧，套在纸板的竹签上。

推入

注意，要保证机翼上下活动顺畅

吸管固定在机身两侧时，可用来测试飞机左右转向与机翼、尾翼之间的关系

吸管固定在机翼上时，可用来检测飞机机翼升力与机翼形状之间的关系

机翼升力实验

有了前面做的纸箱风洞，我们就可以开展一系列简单的小实验，比如观察机翼升力、气流在机翼上下两端流动时的情景等。如果你找到的风力设备功率较大，就选择用白卡纸来做机翼，否则就用普通的白纸来做。

制作机翼：把白纸剪一个长方形，按如图所示方法对折，并压出折痕；用双面胶把纸的边缘对齐粘牢，这样机翼的一面会自然凸起（必要时，用手协助弯出一定弧度）。

组装并检查高度：粘好吸管、套在竹签支架上，检查并确保吸管和竹签的高度之和超过风洞箱体的高度，然后就可以放入洞内进行实验了。

开始实验：开启风力设备后，调至合适的功率（风力大小），并调整支架在箱体中的前后位置，我们会看到，机翼向箱顶飞去。如果有兴趣，也可以多做几个不同仰角和截面形状的机翼模型，观察它们所产生的升力的区别。

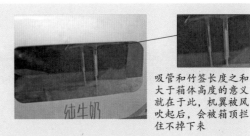

吸管和竹签长度之和大于箱体高度的意义就在于此，机翼被风吹起后，会被箱顶拦住不掉下来

最后，回顾一下机翼结构与气流之间的关系吧，看看升力是怎样产生的！

若想观察烟雾效果： 可在箱体内机翼和进风口之间放一个烟灰缸，里面点燃一些能产生烟雾的东西，如檀香。但还要做两件事：一是减小风力设备的功率，以便观察烟雾流过机翼时的状态；二是把机翼固定住，不让它升起来。

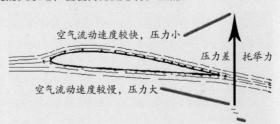

空气流动速度较快，压力小

压力差　托举力

空气流动速度较慢，压力大

减小风力设备的功率

箱内此处放置产烟装置

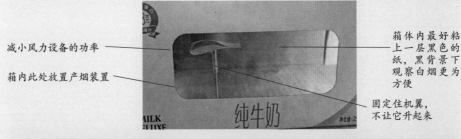

箱体内最好粘上一层黑色的纸，黑背景下观察白烟更为方便

固定住机翼，不让它升起来

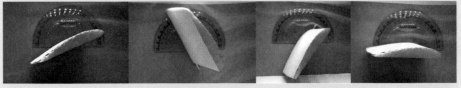

也可以把机翼固定在箱体侧面，通过改变机翼的倾斜角度，来观察各种状态下烟雾流动的状态

其他方法：我们也可以用向机翼喷射雾状的水或汽油等液体的方式，观察"气流"在机翼上下方的流动情况。

用颜色艳丽的纸做成的机翼，产生的视觉效果会更好

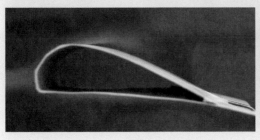

解密战斗机的垂直起降

"

长久以来，直升机在陆上、海上均备受宠爱，原因很简单，它能垂直起降，克服了喷气式飞机对陆上、舰上跑道的依赖；喷气式固定翼飞机则在速度、载弹量、机动性等方面技高一筹。直升机"羡慕"喷气式固定翼飞机的速度——何时才能赶上它们这动辄几马赫的速度？喷气式固定翼飞机"渴望"直升机的垂直起降功能——何时才能不用"助跑"也能起飞——避免那因舰船跑道不够长而一头扎进海里的尴尬……

"

怎样让喷气式固定翼飞机垂直起降？

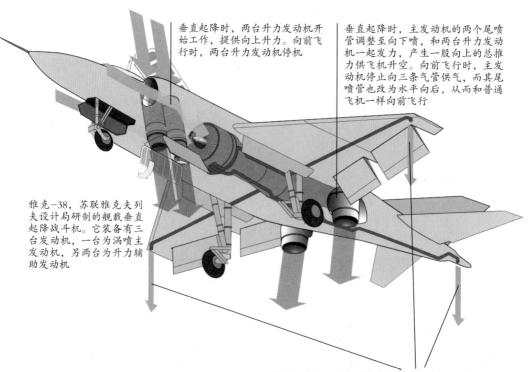

垂直起降时，两台升力发动机开始工作，提供向上升力。向前飞行时，两台升力发动机停机

垂直起降时，主发动机的两个尾喷管调整至向下喷，和两台升力发动机一起发力，产生一股向上的总推力供飞机升空。向前飞行时，主发动机停止向三条气管供气，而其尾喷管也改为水平向后，从而和普通飞机一样向前飞行

雅克-38，苏联雅克夫列夫设计局研制的舰载垂直起降战斗机。它装备有三台发动机，一台为涡喷主发动机，另两台为升力辅助发动机

垂直起降时，主发动机向机翼及尾部的气管供气，从而保持战斗机的平衡

为什么要短距起飞、垂直降落？

正在垂直降落的雅克-38

拥有垂直起降功能的战斗机，在起飞时通常短距离滑跑助飞，降落时垂直降落。这样做并不是为了雪藏实力，而是出于对战斗机作战效能方面的考量。也就是说，完全垂直起飞没有多大战术意义。因为垂直起飞要求飞机发动机提供全部的升力——机翼完全帮不上忙，这对起飞重量有非常严苛的要求，导致战斗机无法满载起飞。先不说挂载武器，甚至就连自身内部油箱也无法装满燃油，否则会因为超重而难以起飞。

短距起飞时，战斗机会滑行一段距离，等加速到一定速度时，机翼能提供一些升力，这样，升力系统的负担就大大降低，可以允许战斗机满载起飞。比如 F-35B 战斗机，如果采用滑跑这种传统的固定翼飞机的起飞方式，能携带近 6 吨武器弹药。虽然 F-35B 是按短距起飞、垂直降落进行设计的，但它同样拥有垂直起飞的能力，只是代价就要大得多——此时燃油和武器弹药加起来只能带 2.1 吨，这意味着作战半径和作战能力大大降低，而这对以作战为目的的飞机来说，几乎是致命的。

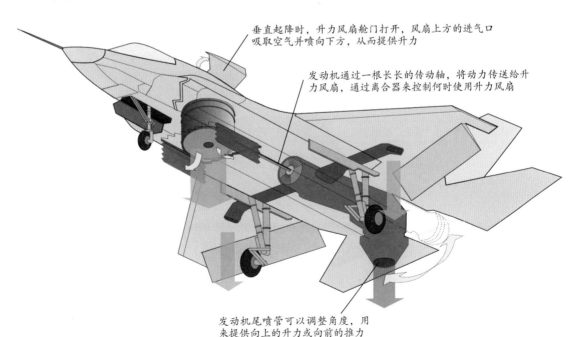

垂直起降时，升力风扇舱门打开，风扇上方的进气口吸取空气并喷向下方，从而提供升力

发动机通过一根长长的传动轴，将动力传送给升力风扇，通过离合器来控制何时使用升力风扇

发动机尾喷管可以调整角度，用来提供向上的升力或向前的推力

翼油箱

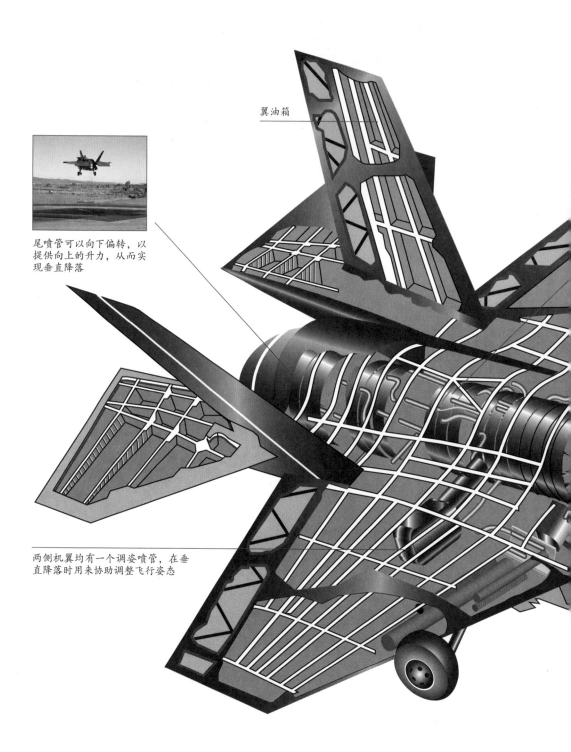

尾喷管可以向下偏转，以
提供向上的升力，从而实
现垂直降落

两侧机翼均有一个调姿喷管，在垂
直降落时用来协助调整飞行姿态

F-35B 采用的是 F135 发动机，它是美国普拉特·惠特尼公司研制的新型发动机，最大推力超过 18 吨。该发动机系统采用了升力风扇＋发动机尾喷管＋调姿喷管的垂直起降动力方案

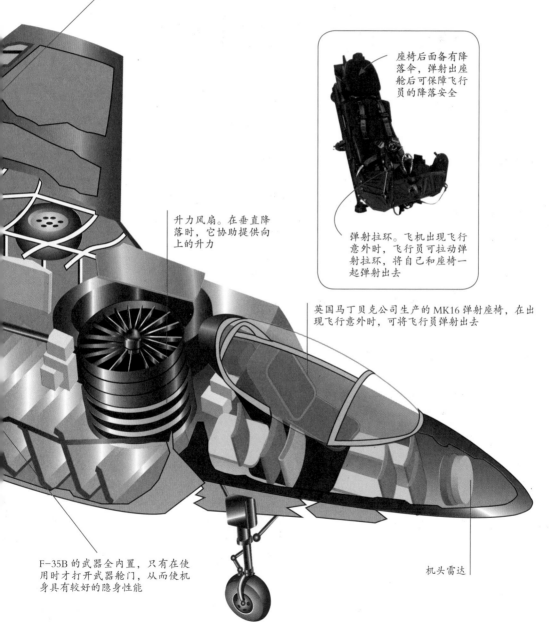

座椅后面备有降落伞，弹射出座舱后可保障飞行员的降落安全

升力风扇。在垂直降落时，它协助提供向上的升力

弹射拉环。飞机出现飞行意外时，飞行员可拉动弹射拉环，将自己和座椅一起弹射出去

英国马丁贝克公司生产的 MK16 弹射座椅，在出现飞行意外时，可将飞行员弹射出去

F-35B 的武器全内置，只有在使用时才打开武器舱门，从而使机身具有较好的隐身性能

机头雷达

飞机扛不住"飞鸟炮弹"

> *1996 年 9 月 22 日，美国空军一架 E-3A 预警机从阿拉斯加的埃尔门多夫空军基地起飞时，撞上了一群加拿大黑雁，导致飞机坠毁，机组人员全部遇难。*
>
> *2009 年 1 月 15 日，一架空客 A320-214 客机从纽约起飞后，在爬升过程中和一群加拿大黑雁相撞，导致飞机完全失去动力……*
>
> *随着各类飞机越来越多地进入天空，鸟类主宰天空的时代宣告结束——在天空中，人类活动与鸟类飞行有了交集。结果，各种空中交通事故频发。据保守统计，全世界每年约有 20000 起鸟撞事件，直接经济损失达 100 多亿美元……*

为什么飞机会怕鸟？

一般人看来，小小的飞鸟重量那么小，飞行的速度相比偌大的飞机也微乎其微，就算飞鸟与飞机相撞也犹如以卵击石——卵破碎而石头无恙。然而事实却并非如此。飞机与飞鸟在空中相撞，轻则飞机不能正常飞行，被迫紧急降落；重则机毁人亡，酿成重大灾难。据研究发现，一只仅 1.8 千克的飞鸟与速度 650 千米/时的飞机相撞，能产生 33 万牛的撞击力，这相当于你抡起 200 多千克的锤子去砸飞机，且抡锤的速度还不得低于 3.6 千米/时。这都是速度惹的祸，尤其是战斗机，能以几倍音速飞行——在这样的速度面前，飞鸟差不多相当于一颗穿甲弹了。

这就是飞机一遇到飞鸟就如临大敌的原因。

交叉路口狭路相逢

理论上，鸟儿通常飞行在千米以下，飞机飞行在万米高空，各行其道，为什么还会相撞？事实上，一些猛禽及雁类，也能飞到几千米甚至万米的高空。另外，飞鸟与飞机的栖息

战斗机的速度很快，撞鸟后的状况通常很惨烈。
此为 AMX 攻击机撞上黑头美洲鹫后的情景

地及出发地都是地面，在地面附近狭路相逢的概率尤其大。2005 年，一架重庆飞往上海的飞机从重庆江北国际机场起飞时，一群鸽子从机场上空斜插过来，从侧翼猛烈地撞击了飞机的起落架和左发动机，导致这架飞机只能依靠右发动机支撑着迫降。就是这些看似平常得不能再平常的鸽子，却让飞机发动机内 38 片叶片不同程度受损，其中 19 片必须更换。幸好没有人员伤亡，但直接经济损失已接近 300 万元。

事实上，在这起事故中，有几只鸽子是被"吸"进发动机的。"鸟撞"产生的破坏力主要来自飞行器的速度而非鸟类本身的重量。飞行器的高速运动使得鸟撞的破坏力达到惊人的程度，一只小麻雀就足以撞毁降落时的飞机引擎。喷气式飞机在起降时，发动机要高速吸入气体，如波音 777 飞机的发动机进气量为 1.42 吨/秒。很明显，鸟类只要稍微接近这些发动机，就难逃被吸进去的命运。被吸入的飞鸟甚至能直接把发动机风扇叶片"击碎"，也极易引起发动机着火。因发动机进鸟而造成的空难比例极高。据鸟害专家指出，500 起鸟撞事件中，发动机受损的能有 100 起。

武装到牙齿

控制不了飞鸟，那就先武装自己。20世纪70年代起，大多数新机型的设计需要执行抗鸟撞的设计标准。在螺旋桨、进气道、机翼、尾翼、挡风玻璃等的研制上进行了一系列特殊设计，如飞机平飞时，风挡及机翼与一只1.8千克重的飞鸟相撞，要求不能产生危及飞行安全的损坏。美国的航空条例规定，发动机制造商必须保证，在吸入1.8千克的鸟后，发动机不得起火爆炸……即便这样，飞机仍扛不住"飞鸟炮弹"的袭击——鸟撞事故依然在发生。

驱鸟措施，智慧多多

避免飞机与飞鸟狭路相逢是比较稳妥的办法。对于机场附近"不怕死"的飞鸟们，再酷的飞机也会招架不住。无奈之下，机场工作人员使用了不少手段驱鸟。比如，破坏机场附近鸟儿栖息的环境，从而将鸟逼出去——把机场草坪全修剪得十分低矮，再喷洒上灭虫剂，使得小动物无处可藏，昆虫也无法繁衍生息。因此，无论是逮虫吃的小鸟，还是捉兔抓鼠吃的猛禽在这里都找不到食物。

常用的招数还有使用驱鸟设备将鸟吓走。比如有些机场会播放猛禽的叫声来驱走普通鸟类；有的会用驱鸟车定时到机场跑道附近打空气炮；或者用稻草人、恐怖眼这种视觉的威吓吓跑飞鸟。但是，时间长了，鸟儿产生了"抗体"，这些办法也就失灵了。

因此，人类还要继续努力探索！

据统计，超过90%的鸟撞发生在机场以及附近空域，50%发生在低于30米的空域，仅有1%发生在超过760米的高空

第 III 章

[精彩纷呈的]
"飞行家族"

- 穿起来就能飞的套装
- 形形色色的无人驾驶飞机
- 缓解交通拥堵的轻型飞行器
- 突破"音障"的超音速飞机
- "神通广大"的变形飞机
- 退役飞机何处安身？

穿起来就能飞的套装

66

　　拥有"飞行"这一技巧的鸟儿或其他会飞的动物，长期以来都被人们视为"偶像"。千百年前，古人就把飞行这项神秘的绝技赋予了各种神明——希腊神话中，代达罗斯和伊卡洛斯父子就利用羽毛和蜡做成的翅膀飞行，尽管不怎么成功。

　　我们背着沉重的书包去上学，即使没有遇上交通堵塞，也会梦想长出一对灵活的翅膀，直接飞向学校——尽管 100 多年前莱特兄弟发明了飞机，尽管飞机已成为重要的交通工具，尽管各种轻型、小型飞机已经离我们的要求很近，但仍没有满足我们如"偶像"那样飞的渴望——飞机没能把我们变成超人，也没能让我们像蝙蝠侠一样飞！

99

喷气飞行翼的尺寸不但已经小到人类可以接受的程度，而且拥有广阔的视野和灵活性

降落伞

油箱

耐热服

尝试变身"喷气人"

作为对飞行不太习惯的"陆行者"，我们要有足够的勇气才能进行飞行冒险。一款名为"喷气飞行翼"的飞行装备就是由欧洲冒险家罗西设计的。罗西曾在瑞士国防军空军服役，还长期担任国际商业航班的机长，这些经历都为他的冒险事业提供了宝贵的经验。

2006 年，罗西成为历史上第一位，也是迄今为止唯一的依靠喷气驱动双翼完成飞行的人类。罗西以大胆著称，被称作"喷气人"，他背着特制的喷气式飞行翼，飞越了阿尔卑斯

山、英吉利海峡和美国科罗拉多大峡谷等地方，创造了很多奇迹。

罗西设计的飞行翼由 4 个喷气引擎组成，平均速度能达到 200 千米 /时。但罗西没能解决这款喷气飞行翼的垂直起飞问题，他必须首先搭乘直升机到达近 2000 米的高空，然后纵身跳下。在下降的过程中，罗西需要把飞行器控制在一个安全的高度，剩下的操作通过一个很小的油门控制杆和调节身体姿态来完成。

罗西飞行技巧高超，曾穿着喷气飞行翼在瑞士卢塞恩湖（Lake Lucerne）上和一架双螺旋桨的DC-3 型客机并排飞行，当时客机

上的乘客都惊呆了。他还以 305 千米 / 时的速度，在科罗拉多大峡谷上方 60 米处持续飞行约 8 分钟，最后成功穿越大峡谷。

为了控制总体重量，不让飞行套装比轻型飞机还重，从而保证飞行的灵活性，罗西没有为套装设计太多的燃料存储空间，因此飞行时间不是很长。因为这款飞行套装起飞前要靠直升机送上天空，降落时还要靠降落伞帮忙，所以使用起来很不方便。这款喷气飞行翼要进入寻常百姓家尚需解决一系列问题。

背着背包去上学

同样进行飞行探索实践的还有新西兰设计师格伦·马丁，他发明了一款以他名字命名的飞行器，叫"马丁背包"（Martin Jetpack）。马丁采用两组涵道风扇式发动机来提供升力，解决了垂直升降控制的问题，因此，不需要像罗西的喷气飞行翼那样借助其他工具来完成起落控制。出于安全考虑，马丁背包的发动机、燃料箱和飞行员的位置都位于背包的偏下方，这样可以降低重心，避免在飞行过程中上下颠倒，撞向地面。

尽管马丁背包没有设计座位，使用时需要背着，符合了"背包"的初步要求，但它庞大的体积和重量都令其陷入尴尬的境地——要背着这重达 180 千克，2 米多高、1 米多宽的"背包"自由地行走，可不是一件轻松的事。加上为了符合安全设计要求，背包配备了电子自动稳定系统、计算机辅助驾驶系统以及弹射救生降落伞系统，整个马丁背包比人们想象中的要臃肿、笨重得多。

尽管如此，马丁背包在空中却又能显示出作为一款飞行背包的灵活性，飞行员可以通过安装在左手边的操纵杆任意控制飞行方向，右手边的装置则可以控制加减速和转弯角度，在飞行员头部后面还有发动机启动和停止开关以及紧急降落伞的按钮。

要想驾驭这种飞行背包，同样需要飞行培训，也仍然会面临和轻型飞行器所面临的同样的难题，如飞行安全问题、中低空通道的划分、交通管理、空中交通事故处理机制及后勤保障等，但这些问题终究都会解决，或许在不久的将来，飞行背包将会变成我们衣橱里一件普通的衣服，穿起来就飞走了——这才是我们最初的像鸟儿那样飞行的梦想！

马丁背包这款飞行套装并不挑食，和汽车一样使用汽油，背包上装有2升的200马力汽油发动机，不仅大大降低了飞行成本，而且加满油时能维持约30分钟的飞行。最高能升到1千米的高空，最快飞行速度能达到74千米/时

降落伞系统

涵道风扇

发动机

控制器

形形色色的无人驾驶飞机

摄像机

说到无人驾驶飞机，我们首先想到的是航拍无人机。它已经融入我们的生活中，是会飞的相机，帮我们拍出许多来自天空视角的创意照片，捕捉生活中不一样的精彩。

常见的航拍无人机体积小，有四个螺旋桨，飞行得十分平稳，能够携带相机或摄像机进行空中拍摄。

无人机的种类

无人机按照外形与飞行原理主要分为四类：旋翼无人机、固定翼无人机、扑翼无人机、伞翼无人机。

旋翼无人机带有多个螺旋桨，可垂直起飞降落，不需要人为操控就可自动悬停平衡。

固定翼无人机的设计与飞机相同，机翼在空气流动中获得升力，拥有较快的飞行速度。

扑翼无人机是仿生学的典型代表，模拟鸟类、昆虫，靠扇动翅膀飞行，是未来小型、微型无人机的发展方向。

伞翼无人机使用柔性伞翼作为机翼，适合低空飞行，动力较小，受强风影响较大。

无人机的家族成员虽然长相各有特点，但按其功能与应用可分为民用无人机和军用无人机。两者最主要的区别是成本。民用无人机考虑市场因素，使用成熟、稳定、价格低的技术方案，整体性价比非常高。而军用无人机往往只考虑军事需求，应用尖端科技成果，不计成本。

民用无人机按照应用方向可分为

旋翼无人机 Wingcopter 178 HL

固定翼无人机 WingtraOne

扑翼无人机 Cybird P-1

置于无人机下方的播撒装置

正在进行播撒作业的 DJI T30 植保无人机 [图片来源：大疆（DJI）]

航拍无人机、巡查 / 监视无人机、农用无人机、气象无人机、勘探及测绘无人机等。对于旋翼无人机来讲，它最大的特点是可以垂直起降，且在空中能平稳悬停，这使它在许多场景里都能大展身手。

农业无人机

在农业应用上，无人机可自由飞翔，不受地形的影响。它可以帮助或代替人们喷洒农药。随着人工智能的发展，无人机同样具备自主避障、自动路径规划等更智能的功能，提高了农业生产力。

农业无人机很适合地广人稀、使用大规模机械化作业的地区，不过各国对无人机都有不同程度的管控。比如，美国政府正在制定无人机监管的规定，包括：农用在内的商业无人机重量不超过 25 千克；必须白天在操控员的视线内飞行；操控员必须进行资格考试；美国运输安全管理局还要对操控员进行安全背景调查。由于受到监管的限制，美国大部分农民还无法使用农业无人机。

由中国无人机厂商大疆（DJI）生产的 T16、T20 农业无人机在中国已被广泛使用。2020 年，DJI 又发布了最新植保无人机 T30。它具有非常多的创新点，融入了热门的人工智能相关技术。

载人无人机

我们总是对未来的出行方式有许多美好的想法，如自动驾驶汽车、空中"出租车"，而更"未来"一点的便是载人无人机。没有受过训练的人也能进行单人飞行了。多旋翼无人机具有垂直起落、平稳飞行等特点，可被设计为载人飞行器，未来将成为供乘客乘坐的自动驾驶低空飞行器。

2019 年 6 月，美国得克萨斯

州奥斯汀的 Lift Aircraft 公司展示了 Hexa 个人无人驾驶飞机。这款轻型飞行器只有一个座位，重 196 千克，由 18 个独立的旋翼驱动，可以飞到 700 英尺（213 米）的高度。

据发明者介绍，Hexa 是半自动控制，其稳定性是由飞行控制计算机来掌控的。乘客通过虚拟现实模拟器的培训后，就可以在实际中使用操纵杆或小型触摸屏开启自动驾驶。它可以自动返回并着陆，也可以自动降落在指定的安全区域，或由专业人员远程控制。

Hexa 的自动驾驶电脑使用的是三重模块冗余技术（即配有三个功能相同的传感器系统，当其中一个损坏时，系统会以另两个相同信号的处理结果作为最后输出），比操控传统的小型飞机更安全。它的全碳纤维机身由四个外围浮标和一个舱下的中央浮标支撑，使其能够在水面、地面软着陆。

Hexa 现在还只限于野外飞行。而位于广州的无人机明星公司亿航已经将城市飞行的想法变为现实，他们与广州市政府签署战略合作协议，将在城市空中交通领域的载人级自动驾驶飞机、无人机物流应用等方面合作。

从外观上看，亿航载人无人机类似一架放大版的旋翼无人机，有 8 对旋翼，可以直上直下地起飞降落，内部有双人座舱。座舱内有一个类似 iPad 的智能中控平台，它取代了操纵杆。乘客在中控平台上输入地点后，无人机将全自动驾驶前往目的地。

无人机由纯电力驱动，内部有 8 个电池组，能以每小时 100 千米的速度飞行，续航时间为 23~25 分钟，可以解决乘客中短途旅行的需求。

由于无人机需要在低空航行，乘客在空中的安全就更加重要。亿航在航行安全方面有多个安全系统保障。

"亿航 216"是由亿航智能自主研发的双座版载人级自动驾驶飞行器，具有全自动驾驶、预设航线、超远程控制等功能，应用于公共交通、旅游观光、物流运输、医疗急救等领域 [图片来源：亿航智能（EHang）]

电池组由安全管理系统保障，当某一电池组发生故障时，无人机的电源系统依旧可以稳定运行，保障动力供应。当任何部件出现故障或飞行器失联时，无人机将就近降落，或一键悬停保证人机安全。

续航问题

目前，载人无人机面临的最大挑战是续航问题。要想普及载人无人机、让它真正成为城市通勤工具，就需要在续航方面有更多的突破，其中最困难的是电池容量与充电速度。

电池技术目前陷入了停滞阶段，如何提升电池容量，是全球各行业都在面对的问题。锂电池是目前商业化使用的性能最好的可充电电池。近些年锂电池在充电效率、过热冷却等方面有较大的突破，但在容量方面却始终没有大幅提升（电动汽车行业也面临着同样问题）。

电池容量由体积和能量密度决定，对无人机来说，通过增加机身体积和重量的方式来提升容量并不现实。至于能量密度，它与电池正极材料的比容量息息相关，而材料技术向来都是工业技术的难题，还没有实质性的突破。

在野外环境中，农业无人机也需要解决充电续航的问题，方法之一是利用汽油发电机进行发电和充电，方式之二是利用太阳能进行充电。

货运无人机

我们现在网购、点外卖的便捷，得益于互联网平台以及诸多配送员。多旋翼无人机完全可以代替配送员，进行安全快速的物流配送。实际上，许多大型物流中转中心已经开始广泛应用无人机运输。相信货运无人机不久就会进入我们的生活，将你购买的商品放在你的阳台上。

军用无人机

在空军部队中，飞行员的培养需要耗费巨额的资金，而其中最优秀的才能成为战斗机飞行员。而战斗机由于应用了当前最先进的科学技术，造价十分昂贵，比如一架 F-35 战斗机的造价就接近 1 亿美元。

在战斗行动中，战斗机被击落是非常大的损失。为了能在出色完成任务的同时降低成本，军用飞机无人化是一种很好的选择。目前从事研究和生产无人机的有美国、俄罗斯、以色列、英国和南非等近 30 个国家，无人机的型号已经增加到 200 种以上。

军用无人机是由遥控设备或自备程序控制操纵的不载人飞机，按照其用途，可分为侦察无人机、诱饵无人机、电子对抗无人机、通信中继无人机、无人战斗机、靶机等。

21 世纪后，无人机首次大量投

螺旋桨

引擎

MQ-9"收割者"无人机用于科学研究和边境巡逻，或执行集侦察、跟踪与打击于一体的作战行动。它配备了高清白光摄像机、热成像摄像机等设备，精确识别地面人员和车辆，携带的四枚激光制导导弹可远程打击目标

入战场，最初的一代以侦察机为主，现在一些无人机已经装备了武器，发展到了空对地攻击。2010 年以来，随着科技水平的极速发展，先进的迷你型无人机成为成本低廉、极富任务灵活性的战斗机器。无人战斗机也不会导致飞行人员受伤。不过，据报道，无人机的这种优势使一些军事行动变得粗糙草率，导致行动中大多数的死伤者是被误杀的平民。

MQ-9 无人机（MQ-9 Reaper，绰号"收割者"）是 20 世纪 90 年代至 21 世纪初期美国研制的一种无人作战飞机。它可以执行集侦察、跟踪与打击于一体的作战行动，也可用于科学研究和边境巡逻。从尺寸上看，翼展为 26 米，起飞总重量为 5300 千克。它采用涡轮螺旋桨发动机，驱动尾部螺旋桨产生推力。它的最大时速约 480 千米，巡航时

通信　　电子系统　　导航系统

激光制导导弹　　观察摄像机

速为 170~200 千米，飞行高度可达 15000 米，巡航飞行时间可达 30 小时以上。

MQ-9 系统的地面控制站通过人造卫星控制飞机飞行、侦察和作战。在侦察方面，它配备了高清白光摄像机、热成像摄像机等设备，可不分昼夜地在几千米高空对地面人员和车辆进行精确识别。

它的最大有效载荷为 1700 千克。在打击地面目标方面，它可携带四枚激光制导导弹，可远程识别打击目标，其弹头威力可摧毁坦克。

无人机家族的成员还有很多，有一些仍处于快速发展阶段，另一些因应用场景受限而不常见。未来无人机家族还会有新的成员诞生，而年轻的成员也会逐渐成熟起来，融入我们的生活，相信不久就会与我们见面。

缓解交通拥堵的轻型飞行器

"空中汽车 M400" 能搭载四名乘客，速度可以达到644 千米／时，飞行航程为 1449 千米，正常飞行高度是 900 米上下，差不多和一架直升机的飞行高度相同

当遭遇交通堵塞的时候，你可能会幻想你的小汽车能突然展开翅膀，越过拥堵的车流飞向天空。会这样做梦的可不止你一个人。20 世纪 60 年代播放的动画片《杰森一家》中出现了一辆装有喷气发动机的汽车，它能在天上飞，也能很容易地降落在一个小车库里。当然，这些都是当时人们的幻想。不过，现在可就不同了！我们已有较为成熟的技术工艺、太空时代的轻质材料和足够的渴望，去建造这种轻型飞行器。虽然还有很多问题需要解决，但是有经验的学者，包括美国国家航空航天局以及其他机构的学者都认为，这类轻型飞行器会在不久的将来搅动飞行世界……

面临哪些挑战？

克服场地限制

目前还在发展中的轻型飞行器是一种复合飞行器，它们有轻薄的碳纤维外壳机身，轻量、强劲的铝合金引擎。大部分都使用可调涡轮风扇发动机，在垂直飞行的时候可以把尾喷口转向下方，实现垂直起降，把尾喷口调至面向后方时，则能让飞行器全速向前飞行。能直接垂直起降，这意味着飞行器可以不需要跑道——这让轻型飞行器进入寻常百姓家有了可能性——不是每个家庭都能拥有带飞机跑道的大机场。

保罗・穆勒（Paul Moller）开发的"空中汽车 M400"（Skycar M400），四周装有 4 个可调的风扇发动机，这使得它具备了像"海鹞"式飞机那样垂直起降的初步条件。奥古斯塔威斯特兰公司（AgustaWestland）的"零点计划"

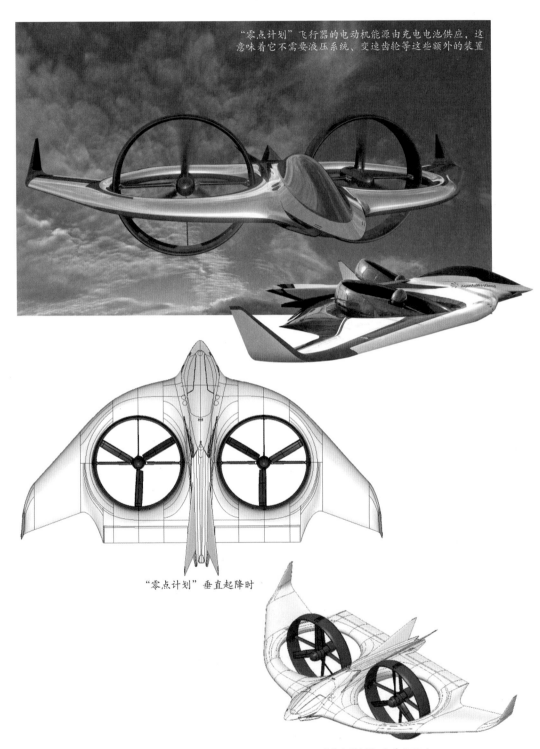

"零点计划"飞行器的电动机能源由充电电池供应，这意味着它不需要液压系统、变速齿轮等这些额外的装置

"零点计划"垂直起降时

"零点计划"向前飞行时

飞行器稍有不同，它的两个巨大风扇安装在机翼中，它们能在机翼内旋转90°，来实现垂直起降等飞行控制。这些特点也使得它们能像固定翼飞机那样快速向前飞行。

满足轻量、便携要求

如今太空时代轻质材料的广泛应用，使得飞行器不断地轻量化、小型化。比如"零点计划"飞行器的机身是用强度高但质量轻的石墨制作，以降低重量。除材质更轻这个为飞行器减负的方法外，人们也不断地做减法，即最大限度地简化飞行器的设计，在减轻重量的同时，也节省了制造成本。赫克托·德·阿莫（Héctor del Amo）发明的"零点直升机"只有一个座位，上班族能驾驶它越过地面交通拥堵的路段。和名字暗示的那样，这架直升机的外形结构就像一个零，或者说一个圆。它的设计圆滑而且简单，它的两侧都暴露在空中，只有一个引擎给三叶旋翼和圆形尾部的螺旋桨提供动力，所以它很轻。丹尼尔·柯塞巴（Daniel Kocyba）设计的"大黄蜂"飞行器除轻便外，还具有折叠功能，尺寸可以缩得很小，甚至能把它装到一辆小卡车里运往任何地方。

解决飞行安全难题

开车上路需要驾驶执照，驾驶能在空中飞行的交通工具就需要特殊的飞行执照了。要取得混合动力飞行器的飞行执照，你需要参加各种训练，这和考取固定翼飞机或者直升机飞行

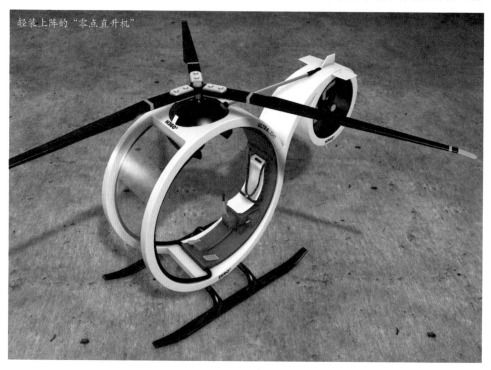

轻装上阵的"零点直升机"

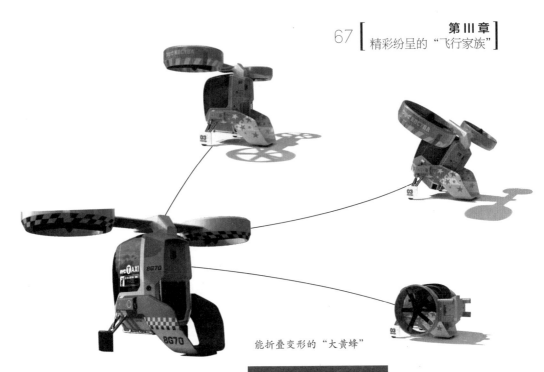

能折叠变形的"大黄蜂"

执照的难度没有什么区别，甚至需要同时训练过驾驶固定翼飞机和直升机才能获得。使用这种出行方式的人员的数量当然会被限制，因此并不是每一个人都能享受这种飞行。如果有成千上万的轻型飞行器在天上飞行的话，可能会造成大规模混乱。

飞行器本身的安全性是人们重点考虑的难题之一。为了保证飞行安全，"空中汽车M400"为每一个风扇发动机装了两个引擎，如果其中一个坏掉，另一个还可以继续运转，从而保证飞行器安全运行。美国MACRO公司研发的"空中骑士X2R"则采用全自动控制的总体设计，由全球定位系统和蜂窝数据控制飞行。乘客进入驾驶舱后，只需在一个控制面板上简单输入目的地，就可以坐下享受全自动的飞行之旅。这避免了人为驾驶技术因素造成的安全问题。

还会有什么难题？

如果轻型飞行器真的能够大量生产，那对于令人头疼的交通问题而言是一个激动人心的解决办法，但也会是一个可怕的方法。由于每个飞行器都必须符合严格的安全标准，这意味着人们要持续反复地进行测试和研究。如果这类飞行器变得越来越流行的话，汽车制造商也会纷纷参与进来，制造和推广他们自己的飞行器。这也意味着许多汽车公司都要重新思考设计工艺，以适应太空时代思考和解决问题的方式。可是这些飞行器值得花费这么多的金钱和时间吗？如果它们出现在市场上，普通人能接受的平均价格是多少？社会能接受这么大的变化吗？轻型飞行器能有效缓解拥堵的交通，并降低拥堵时的汽油消耗吗？

突破"音障"的超音速飞机

66

1903 年 12 月 17 日，奥维尔·莱特驾驶着"飞行者一号"，在人类历史上第一次达到了 10.9 千米/时的飞行速度。从那以后，人类一路走来，在飞行速度方面取得了很大的进展，但也碰到了障碍。第二次世界大战后期，战斗机的速度已经达到 600 千米/时，俯冲时可以超过 1000 千米/时。一些战斗机飞行员试图获得更大速度，却在高速飞行中撞上一堵"无形的墙"，飞机操纵上也随之产生了奇特的反应，稍有不当，便机毁人亡。这一问题在当时令很多飞行员都感到很困惑。

这堵"无形的墙"，就是后来人们所说的"音障"——一道曾难以逾越的屏障。

99

音障

在空气中，声音是靠空气的周期性压缩和舒张来传递的。飞机飞行时，飞机的声波靠机翼周围的空气分子运动来传递，当飞机接近音速飞行时，将会逐渐追上自己发出的声波。也就是说，飞机对空气的压缩无法及时传播，这将逐渐在飞机的迎风面及其附近区域积累，最终形成一个激波面。激波面会增加空气对飞行器的阻力，这就是音障。

美国空军历史学家理查德·P.哈利恩（Richard P. Hallion）说，突破音障的关键不在于发动机，因为当时已经研制出了非常强大的喷气式飞机发动机和火箭发动机。关键在于空气动力学分析，也就是指当飞机越来越逼近音速，并最终超过音速的时候，会发生什么情况：飞机周围——尤其是机头和机翼正面——的气流，会形成剧烈的扰动波；快速的气流在飞机后部形成叫作"空气涡流"的螺旋形隧道；此时，机翼开始振动，整个机身也开始颤抖；由于高强空气扰动，帮助飞机提升和转向的操纵面此时失去作用。

哈利恩说："遗憾的是，在接近音速飞行的飞机周围，气流状况十分复杂，而以当时的风洞技术，人们无法进行精确可靠的测量。这是因为风洞里的模型要暴露在能产生激波的空气流中。激波不稳定，这会使测量结果产生误差。"

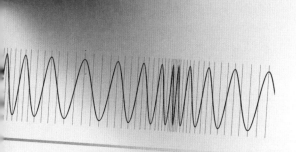

空气中音速 =343.2 米 / 秒

下图中从左到右分别为：亚音速、音速、超音速。当飞机接近音速飞行时，将会逐渐追上自己发出的声波。此时，飞机对空气的压缩无法及时传播，这将逐渐在飞机的迎风面及其附近区域形成一个激波面，这就是音障。左图中机翼周围的雾气是飞机突破音障时，空气中的水蒸气受到产生的激波影响，瞬间凝结形成的

叠加　　　　　　　　　　　　激波

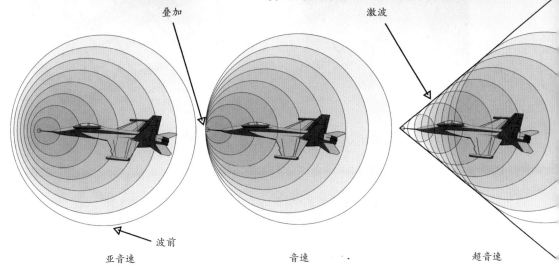

波前

亚音速　　　　　　　　　音速　　　　　　　　超音速

突破音障第一人

查克·叶格是20世纪人类航空史上的传奇人物之一，是拥有"王牌飞行员"称号的"二战"空战英雄

贝尔飞机公司、美国空军和美国国家航空咨询委员会（NACA）是最早想要突破音障的机构。他们选用查克·叶格（Chuck Yeager）作试飞员，因为他机械技能娴熟，并且在驾驶舱内能保持冷静。另外，叶格没有像"滑头"古德林（另一个被选中的试飞员）那样索要150000美元的奖金。在加利福尼亚州沙漠里的慕洛空军基地，他们试飞了采用火箭发动机的贝尔X-1。试飞的前两天晚上，叶格在骑马时发生意外，断了两根肋骨，但是他仍然进行了试飞，并达到既定

目标。不过，他得靠一个朋友的帮助才能关上驾驶舱的门。

贝尔X-1的安定面可以保持机身稳定，划破空气的机翼相对较薄。它的设计堪称完美。突破音障给了美国政府和人民信心，让他们知道了自己的飞机比苏联制造的米格-15（Mig-15）战斗机速度更快、性能更好。

约翰·斯塔克是美国国家航空航天局兰利研究中心的一位科学家。正是他的构思和设计促成贝尔X-1突破音障。他也因此在1947年被授予罗伯特·科利尔奖。

贝尔X-1型飞机，又称"迷人葛兰妮号"（以查克·叶格妻子的名字命名）。1947年10月14日，查克·叶格驾驶着X-1，速度高达1310千米/时，被记入史册

超音速飞机一般机身细长，机翼非常薄，并且有很大的后掠翼。图为洛克希德·马丁公司 2010 年 4 月提交给美国国家航空航天局航空研究理事会的超音速飞机概念设计

跨越音障遇到的难题

机翼的形状是最大的难题。机翼前部（也叫"翼前缘"）的设计必须使空气非常顺畅地从上面流过，并且不产生头波（前激波）。这意味着机翼的上下两面和前缘后缘都必须要有恰到好处的曲度，而且机翼要非常薄，机身也要细长。

这些测试都在风洞里进行，固定在风洞里的机翼迎向带有白烟的高速气流，以研究在机翼上形成的气流模式。我们永远无法彻底消除音障，但是我们能设计出将音障减弱到最低限度的飞机。

还有一个难题就是建造一架足够坚固的飞机，坚固到能承受高速度带来的压力和转向时的巨大负载力。人们开始采用重量轻的铝合金、高强度的碳纤维和钛金属来加固机身和机翼，以使飞机在超音速飞行中不至于解体。

随后，发动机尾喷口设计成旋转式，帮助飞机转向，从而减轻方向舵和襟翼的压力。

后来，我们有了能达到 2.2 马赫，甚至更高速度的飞机，此时，高温又成了一个难题。例如，当协和客机以 2.2 马赫在非常冷的极高上空飞行时，机头部分温度会升高至 153℃。据说,协和客机在温度变得非常高时，能变长 12~30 厘米；但是，当温度降下来时，客机的部件又缩小了。因此，他们不得不采用特殊的铝合金，并允许飞机接合处可伸缩，以避免飞机解体。今天，我们用电脑模拟建造飞机，看它们对不同的速度、激波和温度有怎样的反应。

超音速飞机之榜上有名

SR-71 "黑鸟" 侦察机，它于 1964—1998 年在美国空军服役

军机

外界没人真正知道一些先进军机究竟能飞多快，因为这些信息都是高度机密。人们普遍认为最快的军机是洛克希德 SR-71，叫作 "黑鸟"。据估计，它最高时速能达到 3529.6 千米，飞行高度可达到 25.9 千米。"黑鸟" 采用喷气动力，有人驾驶，通常被用来执行侦察任务。

波音 F/A-18E/F "超级大黄蜂" 是美国海军拥有的多用途战斗机。超级大黄蜂可以从地面起飞，也可以从航空母舰上起飞。它采用了较新的发动机，有非常大的内部油箱，可携带更多燃油。它的飞行时速达 1915 千米，航程 2346 千米。

F/A-18E/F "超级大黄蜂" 是一种舰载战斗机，机翼可以折叠，以节省停放空间

F-22"猛禽"，由洛克希德·马丁公司和波音公司联合制造，是目前美国军方最昂贵、最先进的战斗机之一。它具备超强的隐身设计，能躲避雷达及红外探测，最高时速达 2500 千米，航程 3200 千米。

F-22"猛禽"战斗机，具有超音速巡航、超视距作战、高机动性等特性

"阵风"战斗机，由法国海军及空军拥有和使用。它是一款多用途战斗攻击机，每小时能够飞行 1913 千米，航程 3700 千米。相对于它的体型大小来说，"阵风"战斗机机动灵活，并且不易被雷达发现。

"阵风"战斗机，法国达索飞机制造公司研制的双引擎战斗机，采用了三角翼、单垂尾设计

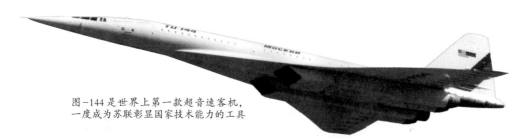

图-144 是世界上第一款超音速客机，
一度成为苏联彰显国家技术能力的工具

客机

20 世纪 50 年代，法国、苏联和英国都致力于研制他们的第一架超音速喷气式客机。苏联人首先推出了他们的版本——除了机翼，其余看起来几乎和英法合作制造的协和客机一模一样。苏联的客机叫作"图-144"（Tu-144），1968 年在莫斯科附近首飞，但是它的一架新样机在 1973 年的巴黎航空展上坠毁，造成机组人员和几个地面人员死亡。1978 年，图-144 又尴尬地发生了一次事故，之后就退役了。

协和飞机，具有自动驾驶功能，从飞机爬升到着陆期间，飞行员可以完全不介入飞行操作

1974 年 11 月 7 日，协和 001 号飞机进行了首次载客超音速跨越大西洋飞行。协和飞机的最高巡航高度为 18300 米，巡航速度可达 2.02 马赫，是普通客机速度的两倍。一般的商务客机在进行纽约至伦敦的飞行时，需 7 个小时左右，而协和客机仅需要 3.5 小时就能够完成。因为伦敦与纽约有 4 个小时时差，所以搭乘协和飞机的旅客最喜欢说："我还没出发就已经到达了。"

协和飞机充满了高科技设计元素，例如可下垂式机鼻，可以在滑行、起飞和着陆时改善飞行员的视野。发动机由电脑控制，内部燃油可以在机身内前后移动，帮助保持机身的平衡。

协和飞机最大的问题在于运送成本非常高，单乘客油耗高达 16.6 升 / 百千米，而波音 747 单乘客油耗仅为约 2.6 升 / 百千米。由于票价高，大多数人负担不起乘坐协和客机的费用。2000 年 7 月 25 日，一架协和飞机在法国巴黎附近坠毁，113 人丧生。鉴于安全问题以及巨大的运营成本，协和飞机在 2003 年 10 月 24 日完成最后一次飞行后退役。

超音速飞机的未来——追梦高超音速

工程师和科学家们已经解决了包括突破音障在内的大部分难题，未来的任务就是更上一层楼，造出速度超过 5 马赫的飞机，也就是通常所说的高超音速飞机。以 5 倍音速或者超过 5 倍音速的速度飞行，将会带来新的难题和挑战。

美国国家航空航天局已经在迈阿密大学投入资金，旨在建造一架超音速兼亚音速的飞机。虽然这架目标飞机并不是高超音速，但该飞机要能够在飞行中转向，从而使它的机头和机尾变成机翼。它要能够从低于音速的飞行速度开始，旋转 90°，从而使侧面轮廓轻易地穿过音障并达到 2.0 马赫。这样，从洛杉矶到纽约的直飞航班只需要不到两小时。

洛克希德·马丁公司计划研制 SR-72 无人侦察机，它是 SR-71 "黑鸟"的改进版本。SR-72 的飞行速度将是 SR-71 的两倍，达到 6 马赫，即时速为 7344 千米。它能够在一小时内到达全球大多数地点。洛克希德·马丁公司计划测试一种导弹发动机，据说到 2030 年就可以开始使用。洛克希

德·马丁公司的项目经理布拉德·利兰说："高超音速是新的秘密武器。你对手的重要资源将无处藏身，藏不了，也转移不了，因为它们总是会被找到，而这将改变游戏规则。"

德国航空航天中心和欧洲航天局计划推出高超音速太空航班，能在 90 分钟内将 50 名乘客从澳大利亚运送到欧洲。该飞行器将和航天飞机非常类似，会被发送到地球的高层大气；在降落时，则会降低到普通飞机的速度。这种飞行器预期将在 2050 年完成全部测试，并投入使用。

美国国防高等研究计划署组织了一个名为"提案人之日"的竞赛活动，看哪个人或者哪个机构能够成功试飞 20 马赫的飞行器，奖品是价值 7000 万美元的组合合同。该竞赛的挑战之处在于研制能够克服约 1927℃的高温和极度强风，且能进入外层空间并保证机上人员安全的坚固机身。

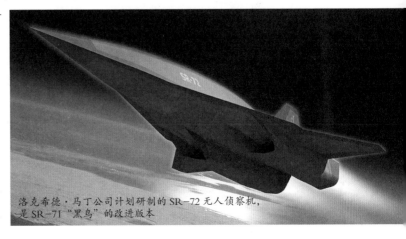

洛克希德·马丁公司计划研制的 SR-72 无人侦察机，是 SR-71 "黑鸟"的改进版本

"神通广大"的变形飞机

看到这两张图片你会想到什么?

有人想到了展翅翱翔,有人想到了弱肉强食,有人想到了摄影瞬间的美感。而飞机设计师们却从中看到了雄鹰在不同状态下翅膀的姿态,并获取了设计变形飞机的灵感。

雄鹰在高空展翅飞翔时,它们的翅膀是非常灵活的:当它想爬升时,会奋力拍打翅膀;当在高空翱翔时,翅膀伸展至最宽,或者一动不动,或者两边的翅膀扭转一定的角度,利用翅膀倾斜时形状的变化改变迎风的角度和面积,自如地控制飞行。

鸟类是天生的变形飞行专家,它们可以在不同的飞行状态和条件下,非常灵活地调整翅膀的展开幅度、角度和拍打频率。而飞机设计师正是从仿生学的角度出发，从中获取灵感，用来设计变形飞机。那么，飞机设计师为什么要设计变形飞机呢？

在传统的飞机设计中，设计师都是根据不同飞行条件设计不同类型的飞机，从而形成了目前种类繁多的飞机家族。例如强调速度和敏捷性的战斗机、追求巡航经济性的运输机、能够长时间滞空的侦察机等。各种不同类型飞机的设计制造和维护配套设备众多，使航空飞行成本很高。为此，欧美等航空发达国家都在积极致力于变形飞机的研究，以适应多种飞行状态，完成多项飞行任务。比如，一架飞机既能做战斗机鏖战长空，又可以摇身一变做运输机。民用飞机采用变形技术，可以针对飞行各阶段的不同要求改变机翼的平面形状，如在巡航阶段可增大机翼　　　的展长或改变弯度，以达到增　　　大航程的目的；或利用发动机进气道和尾喷口变形技术，在保持同样航程的情况下，达到降低噪声、节省燃油的目的。

飞机设计中一个关键的参数，是展弦比。以前的飞机的机翼从上往下看大多呈长方形，机翼展开的宽度 b 和翼弦宽度 c 之比称为"展弦比"。由于后来机翼的设计不再采用长方形，展弦比重新定义成机翼宽度的平方和机翼面积的比例。

展弦比

按照空气动力学原理，展弦比大的飞机，机翼长且窄，适合应用在大航程、低机动性的场合。比如B-52轰炸机展弦比为6.5，U-2侦察机展弦比为10.6，"全球鹰"无人机展弦比为25。自然界中展弦比大的典型例子是能长时间飞行的信天翁。

展弦比小的飞机，机翼短且宽，适合于小航程、高速、高机动的场合。比如俄罗斯的苏-27战斗机展弦比为3.5，美国空军的隐身攻击机"夜鹰"F-117展弦比为1.65。鸟类中鸬鹚俯冲时收起翅膀，就是为了减小展弦比而提高速度。

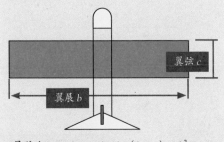

展弦比 $\lambda = b/c = b \cdot b/(b \cdot c) = b^2/S$

S：翼面积

鸟类的展弦比：大展弦比的信天翁和小展弦比的俯冲鸬鹚

大展弦比的"全球鹰"无人机

小展弦比的"夜鹰"F-117

由此可见，飞机若要变形，并改变飞行的性能和特点，关键之一是能改变展弦比。美国正在研制的可变形飞行器，和传统飞行器相比，相关指标要达到：机翼展弦比可以变化200%，机翼面积能够变化50%。

除展弦比外，飞机后掠角也是非常重要的参数。参考后掠角的定义和

前面鸟类与飞机展弦比的示例，我们可以知道，后掠角大的飞机（如"夜鹰"F-117），相当于鸬鹚俯冲时收起翅膀，可以极大地提高飞行速度。不过，后掠角大的飞机产生的升力较小，在起飞和着陆时需要较长的距离。比如一般战斗机起飞滑跑要1000米以上，重型轰炸机则要2000米以上。

变形飞机的另一个功能是可以改变后掠翼：在起飞、着陆和巡航时，机翼在平直位置；要加速时，机翼便可后倾。许多作战飞机采用可变后掠翼后，可以在200米范围内起落甚至垂直降落。美国正在研制的可变形飞行器，机翼后掠角能够变化20°。

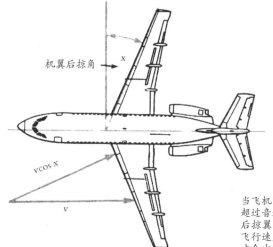

机翼后掠角 → x

$v\cos x$

v

后掠翼的减阻作用

当飞机飞行速度接近音速时，机翼上表面局部气流速度将超过音速，这时将出现激波，使飞机阻力急剧增加。对于后掠翼，垂直于机翼前缘的气流速度分量（$v\cos x$）低于飞行速度v，相比平直机翼，它只有在更高的飞行速度下才会出现激波，从而可以推迟激波的产生

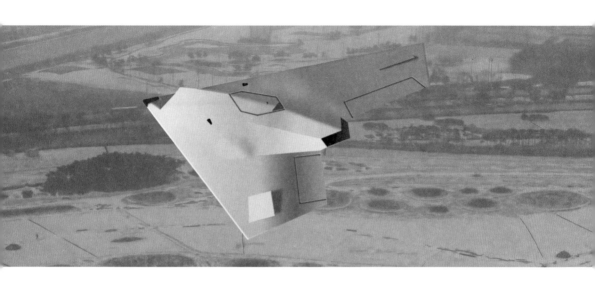

上面展示的变形飞机，都采用机械的方法（展开、滑动、折叠等），在高速飞行中平滑地改变机翼形状和展弦比。

目前，科学家正在研究各种智能材料，可以使变形更加灵活。例如，一些材料能够拉伸或者弯曲，在重新加热之后又恢复原形；再如，有一些新型液体在磁场中或者加入磁物质后会变浓，在电或光作用下会膨胀或是收缩。

智能材料的一个重要进展标志就是形状记忆合金，或称"记忆合金"。这种合金在一定温度下成形后，能记住自己的形状。当温度降到一定值以下时，它的形状会发生变化；当温度再升高到相变温度以上时，它又会自动恢复原来的形状。

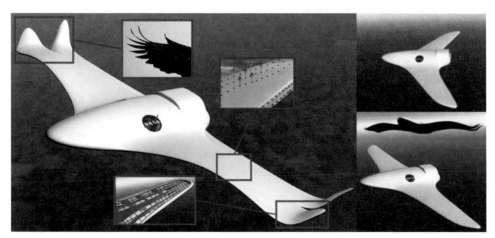

在不同的飞行环境下，"飞鹰"变形飞机机翼上的传感器会像鸟类翅膀上的"神经元"一样，感受翼面上的压力，并能像鸟翅上的"肌肉"一样控制机翼做出翼形调整

变形是使飞机更高效的方法之一，预计到 2050 年，变形飞机的数量将是如今的 6 倍左右

美国国家航空航天局设计的"飞鹰"变形飞机，就是采用了智能材料，可以在不同的飞行条件下和不同的飞行任务中，模仿飞鹰的翅膀，改变机翼的形状，比如翼尖翘起、机翼后弯等。

以未来的科技水平，或许真会出现《变形金刚》里霸天虎成员"眩晕"一样的变形飞机，瞬间变形、上天入地、神通广大。

目前，美国具有代表性的变形飞机概念方案有：

1. "鸬鹚"变形方案

洛克希德·马丁公司"臭鼬工厂"研制的"鸬鹚"变形飞机属于潜射无人机，能够在水下用潜艇的导弹发射管发射。这个变形飞机的设计是不是和第 77 页的鸬鹚俯冲图很像呢？

"鸬鹚"变形飞机从直径约为 2 米的导弹发射管射出后，会自动展开翅膀，此时翼展可达 4.86 米，巡航速度达 550 千米／时

洛克希德·马丁公司的折叠"Z形翼"方案，展开时翼展为5.6米，折叠后则可缩小一半

2. 折叠"Z形翼"方案

洛克希德·马丁公司研制的"Z形翼"无人机，可以根据飞行任务需要，将Z形机翼折叠成不同的状态。

3. N-MAS方案

美国"下一代航空学"公司N-MAS方案的自由飞试验模型——

MFX-1变形飞机采用了一种特殊机翼，这种机翼可以滑动展开成5种姿态，改变展弦比和后掠翼的角度，以满足滞空盘旋、巡航、爬升、高升力、高速机动的飞行需求。

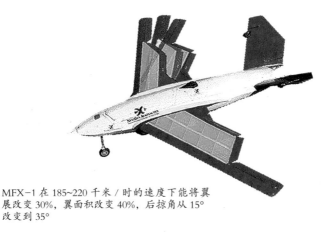

MFX-1在185~220千米/时的速度下能将翼展改变30%，翼面积改变40%，后掠角从15°改变到35°

退役飞机何处安身？

打开"地球在线"网站（http://www.earthol.com），找到位于美国西南部亚利桑那州图森市东南方的戴维斯-蒙森空军基地（Davis-Monthan AFB），你会发现，有超过 4000 架退役飞机停在那里，几乎包括了第二次世界大战后美军所有军用飞机机型，其中有轰炸机、战斗机、预警机、直升机和军用货机等，这就是被人们称为"飞机坟场"的地方。它占地足有 1400 多个足球场大小，被认为是世界最大的军用"飞机墓地"，也是美国唯一的退役飞机安置场所，绰号"骨院"。

在这座庞大的飞机坟场里，工作人员会为退役的飞机进行全面"体检"，根据体检报告来判定它们的最终归宿。体检合格的飞机会被维修并封存，即把飞机上的火炮、弹射装置等容易发生危险的部件拆除保存，抽尽机内燃料，封上飞机的发动机尾喷管，并在机身上喷涂保护膜。

体检不合格的飞机则成为"配件提供者"，这也是来到这里 80% 的飞机的命运，成就了飞机坟场的另一个用途——废物循环利用。设在这里的美国第 309 号航空维护和更新团担当此任，他们主要为退役飞机提供维护和保养。维修人员将一些并未完全老化的零部件更换至现役飞机上，大大地节约了维护成本。2005 年，工作人员重复利用了超过 1.9 万件各种零部件，节约成本达 5.68 亿美元。

美国也允许其他国家从这里购买飞机以及配件，美国在 2006 年出售给巴基斯坦的 F-16 战机，就出自这个飞机坟场。偶尔，停放在这里的战机也能充当电影中路人甲乙丙丁等角色——《变形金刚 2：堕落者的复仇》就曾在此取景。

另外，经过精心改造，退役的飞机也可以重新为人们服务：有的摇身一变成为飞机主题公寓、豪华游艇，有的则进入军事航空航天博物馆、民航博物馆等发挥余热。

被封存在飞机坟场中的战机，如果需要，可以随时重返蓝天。此为被封存的 UH-1 "伊洛魁"直升机和 F-4 "鬼怪"战斗机

特别篇1：
学会遥控直升机

66

三通道的遥控直升机能完成上、下、前、后、左、右转向这些动作，四通道直升机在此基础上多了左、右平移（向左、右侧飞），不用转头就可以向左、右飞行，这可是个不错的功能。

99

熟悉遥控器

四通道直升机默认的模式为：左摇杆控制油门和左右转向，右摇杆控制前后飞和左右侧飞。先把遥控器的电池装好，然后将直升机的电池装好，连接好电源线，并把直升机放在平地上（空旷无风、无杂物）；随后，检查遥控器的油门操作杆，把它拉到最低，以防遥控器电源打开后飞机突然起飞；把电源开关拨到"ON"的位置，然后向上推油门操作杆，把油门推到最大再拉到最低，使遥控器与飞机完成对频。这些动作顺序不要颠倒。

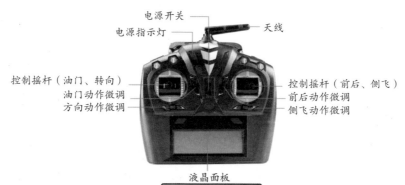

电源开关
电源指示灯
天线
控制摇杆（油门、转向）
油门动作微调
方向动作微调
控制摇杆（前后、侧飞）
前后动作微调
侧飞动作微调
液晶面板
油门微调指示
左右转向微调指示
前后微调指示
左右侧飞微调指示
遥控器电量指示　舵量大小

如何起飞

　　想要安全起飞，最好你面向哪个方位就把直升机机头朝向哪个方位放在地上，这样做是为了让你操作杆上的左、右、前、后与直升机实际飞行的方向保持一致。在给飞机加油门起飞时，由于直升机离地很近，地面会对直升机产生干扰气流，导致有些直升机可能会向左（右）侧漂移，因此，在加油门的同时需要向右（左）稍微拨动右摇杆。当飞机达到大概 50 厘米高度以后，没有了地面的干扰，飞行就会相对平稳一些。此时，如果机体逆时针或顺时针旋转，可以通过方向动作微调钮进行调节，其他情况类似。

第一阶段

　　飞机离地 40~50 厘米（俯视），练习、体会摇杆操作。要想做好这个阶段的动作，必须让直升机始终保持机头朝前、机尾面向自己的状态（也称"对尾"，即人面对机尾）。另外，还要控制住油门，让直升机保持在这一高度范围内，并练习对尾悬停。

　　左右摇杆操纵前进后退、左右转向很轻松，只要操作持续稳定，就几乎不会出现失控现象。四通道直升机有左右平移功能，是指在不使用左、右转弯功能的基础上，直接向左、右平移，如当右手向左拨动摇杆时，旋翼会带动机身向左侧倾斜实现左平移。配合这一功能，还能做出流畅的、漂亮的弧线左右转弯。首先，右手向前拨动右摇杆，左手跟着向左拨动左转控制杆，右手紧接着把控制杆由向前改为向左稍偏移，这一连串的动作如果很连贯，就能完成优雅的左转弯动作。

初学操控遥控直升机时，让机头朝前这一点尤其重要

弧线左转弯综合利用了前进、左转以及四通道直升机的左侧飞功能

第二阶段

飞机离地1~2米（视平线高度），四个方向悬停控制。

这一阶段的重点是感受视平线高度——差不多与肩或眼睛在同一水平高度——不同方向上的悬停控制。悬停是直升机相比大部分固定翼飞机最大的优势之一，但要让遥控直升机悬停也并不是不需要一点儿操作，尤其是单桨直升机，更需要时刻注意直升机的动向，及时进行微小的操作控制。共轴双桨的直升机在这方面稍好一些。

机头朝前的悬停控制比较容易。机头面向自己的悬停控制实现起来相对难些，因为需要体会摇杆的左右转向、平移等操作和飞机左右移动方向相反这一差别。同样，机头朝左、朝右时的悬停控制，会更难一些——当然，有些人会选择转动手臂或手腕，使遥控器和机头方向保持一致，来达到遥控器上的操作方向和直升机实际移动方向一致的效果。

第三阶段

适当飞高（仰视）、飞远，练习航线飞行。

有了第一阶段的摇杆操作基础和第二阶段四个方向下的操作练习，接下来就能进行空中航线飞行了。前期可选择由近及远然后掉头回飞的航线飞行，或在空中盘旋画圈飞行。当比较熟悉这一高度的飞行操作后，可以进行空中画"8"字形轨迹飞行，这和学习驾驶汽车时走"S"弯十分类似，重点训练仰视角度的行进中转弧线弯技巧。

航线飞行阶段最重要的是熟悉仰视视角下的飞行控制

视平线高度的悬停是飞高飞远等真正飞行的起始点

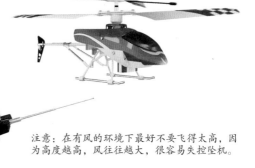

注意：在有风的环境下最好不要飞得太高，因为高度越高，风往往越大，很容易失控坠机。

弹射纸飞机比投掷式纸飞机飞行速度快，更便于研究飞机的机翼、垂直尾翼、水平尾翼这三者与飞行姿态之间的关系。利用第88、第89页的飞机纸样，你可以很轻松地制作一架弹射纸飞机。

特别篇2：制作弹射纸飞机

做好准备工作

制作弹射纸飞机的材料很简单，准备好橡皮筋、剪刀、胶棒、白卡纸以及第88、第89页的飞机纸样就可以了。

接下来是飞机部件的准备工作。如果你舍不得把书剪烂，那就去复印店把第88、第89页的飞机纸样复印下来；如果不想太麻烦，那就直接把书中的飞机纸样剪下来（剪之前，先用手机或相机把安装步骤拍下来），然后把复印或剪下的纸样贴在白卡纸上，按照图形剪下飞机的各个部件，这样就可以开工啦！

安装起来很轻松

1. 找出序号为①②③的三个部件，把部件②③的尾部沿虚线进行弯折，然后把它们粘贴到部件①的两侧。

2. 同样，找出序号为④⑤的部件，把它们中间凸起的部分沿虚线进行弯折，然后把它们粘在步骤1中完成的组合部件两侧。

3. 找出部件⑥⑦，把它们粘在步骤2中完成的组合部件机头部分两侧，至此，机身部分就粘贴完成了。

三个部件都有弯角，粘贴时要全部对齐

此弯折部位是用来固定尾翼的

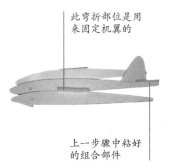

此弯折部位是用来固定机翼的

上一步骤中粘好的组合部件

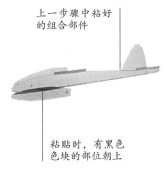

上一步骤中粘好的组合部件

粘贴时，有黑色色块的部位朝上

4. 下面该粘贴飞机的尾翼和机翼了。首先找出序号为⑩的水平尾翼，按图中箭头的方向，把它粘在垂直尾翼上。

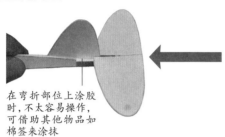

在弯折部位上涂胶时，不太容易操作，可借助其他物品如棉签来涂抹

5. 找出机翼部件⑧⑨，把它们按图示粘在一起，然后再粘在机身中部的弯折部位，至此，就完成了所有的粘贴任务。

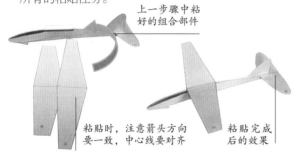

上一步骤中粘好的组合部件

粘贴时，注意箭头方向要一致，中心线要对齐

粘贴完成后的效果

6. 接下来是给飞机整形的阶段。首先把两机翼向上弯折15°左右，并用15°曲规测量核实。

测量时，要注意把曲规与机翼垂直，且中心线与机翼中心线对齐

7. 还要从飞机的后方以及前方确认机翼、尾翼左右的倾斜角度是否对称，如有问题，要反复调整到对称为止。另外，如果你的绘画功底较好，也可以给飞机画些图案，美化一下。

你需要知道的飞行技巧

1. 要想让飞机飞行时向右（左）拐弯，怎样调整?

可将飞机左翼向上提（下压），右翼向下压（上提），将垂直尾翼的后部稍向右（左）弯曲。

向上提

向下压

垂直尾翼向右弯曲

2. 要想让飞机飞行时机头上仰（俯冲），怎样调整?

可以调整飞机的水平尾翼，让它的后部向上（下）弯曲。

8. 最后就可以试飞啦! 找个开阔并且安全的地方，按图示的方法，把飞机挂在橡皮筋上，进行弹射试飞! 注意，发射的角度稍稍向斜上方即可。

橡皮筋弹性很好时，挂单绳

橡皮筋弹性不太好时，挂双绳

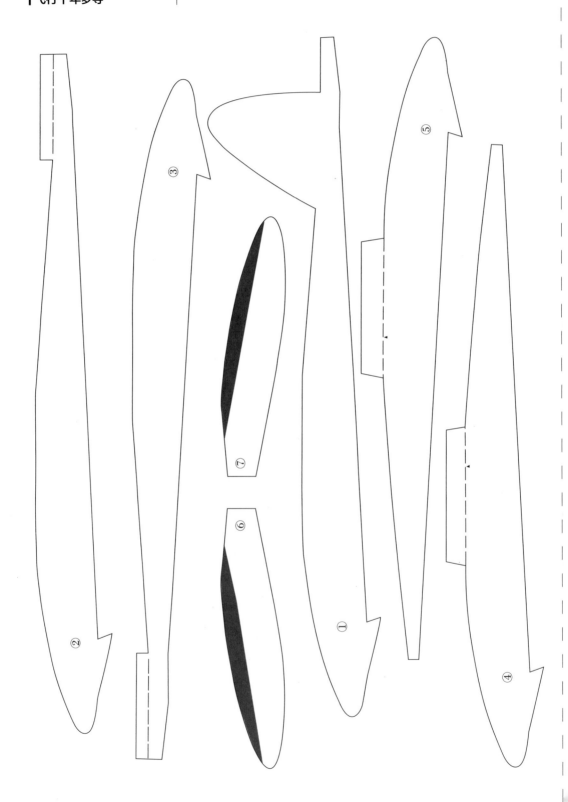

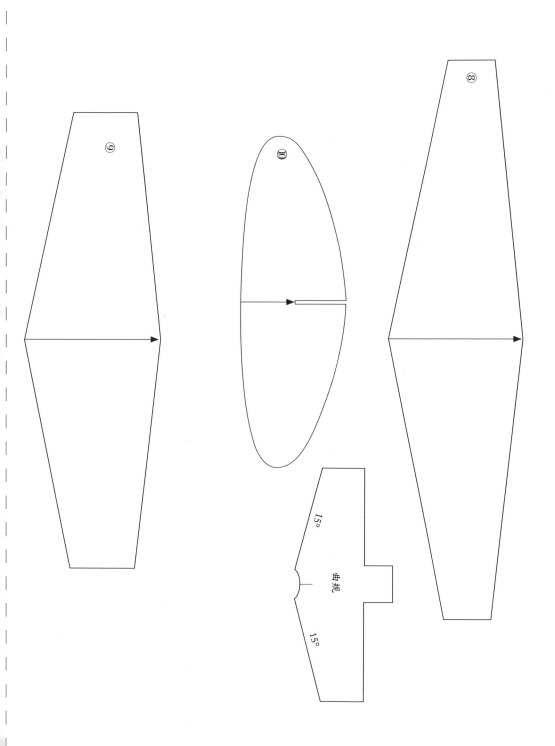